中职本科贯通教育环境设计专业一体化综合实训教材

总主编 沈 蓝 董文良 王红江

环境设计
空间解析与表现

主　编　许彦杰　陈乃逸

副主编　吴云飞　李纯晔　郭姗姗

编　委　陈月浩　徐　青　饶国安

　　　　陶惠平　张　磊

中国海洋大学出版社

·青岛·

图书在版编目（CIP）数据

环境设计·空间解析与表现 / 许彦杰，陈乃逸主编 . — 青岛：
中国海洋大学出版社，2021.10
ISBN 978-7-5670-2972-9

Ⅰ．① 环… Ⅱ．① 许… ② 陈… Ⅲ．① 环境设计－教材
Ⅳ．① TU-856

中国版本图书馆 CIP 数据核字（2021）第 212616 号

出版发行	中国海洋大学出版社		
社　　址	青岛市香港东路 23 号	邮政编码	266071
出 版 人	杨立敏		
策 划 人	王　炬		
网　　址	http://pub.ouc.edu.cn		
电子信箱	tushubianjibu@126.com		
订购电话	021-51085016		
责任编辑	矫恒鹏	电　　话	0532-85902349
印　　制	上海邦达敏奕印务有限公司		
版　　次	2021 年 10 月第 1 版		
印　　次	2021 年 10 月第 1 次印刷		
成品尺寸	210 mm×270 mm		
印　　张	10.5		
字　　数	159 千		
印　　数	1～1000		
定　　价	68.00 元		

发现印装质量问题，请致电021-51085016，由印刷厂负责调换

前言
PREFACE

　　本系列教材是中职本科贯通教育环境设计（室内设计）方向课程项目任务实训教材，供中职阶段综合实训使用，共分为三册，每学年一册。

　　本册教材立足于环境设计（室内设计）一年级阶段课程的课堂与实践教学环节，充分考虑到学生的实际能力与学习特征，选取了易理解、又特征鲜明的任务及相关案例，将系统的知识学习、技能基础训练融入其中，由浅入深地培养学生了解室内设计专业及相应职业岗位的基本要求。同时通过递进式的阶段性任务实训，逐步培养学生具备初步的设计表现力、设计基础技能，并为本专业的后续学习奠定基础，以适应学生职业生涯发展的需求。

　　本册教材内容包括专业绘画基础、设计基础与手绘表达基础等。教材内容的选取紧紧围绕完成工作任务的需要，循序渐进，通过任务引领的方式来编写，倡导学生在实践中体验与感悟，掌握相关技能，使学生认识到设计绘画、设计历史、室内设计基础概念及手绘表现基础制作的重要性。

　　本系列教材采用活页式，课程内容不仅以"跟我做"的形式，培养学生形成基本的专业能力，更创新性地运用电子、网络教学资源，给学生提供深化学习的材料和教学视频，而且以"想想做""创造做"的形式来配合学生巩固知识、拓展知识。教材以这样三种不同的形式，来适应不同基础、不同兴趣、不同学习方式的学生需要，切实提高学生的学习效率。

　　本册教材可供从事室内设计、景观设计、会展设计、空间环境中产品和信息传达等方面的设计人员，以及策划和研究工作室的室内设计师、会展设计师、商业展示设计师助理等人员使用。

编者

2021年8月

课时分配建议

项目	任务	职业能力	课时
空间一隅探索	画室的一角	•能根据形体的形状结构，准确表现物体内部结构和透视变化 •能做到画面构图生动、透视准确	32
	自然一角	•能知道色彩的调色方法 •能了解色彩表现的基本技法、基本表现	32
	卧室空间研究	•能初步了解经典的空间设计案例 •能初步进行小空间案例的分析和研究	16
经典建筑探究	古典柱式绘制	•能迅速找准对象结构 •能初步认识对象的空间关系 •能运用设计素描语言对一定空间或建筑结构进行表现和表达	32
	古典柱式色彩表现	•能初步了解色彩的空间表达原理 •能初步认识色彩的对比与调和关系	32
	中西方古典建筑研究	•能初步了解经典的建筑设计案例 •能初步进行建筑案例的分析和研究	16
中式园林寻景	窗边寻景	•能初步了解精细素描表现要求 •能初步掌握精细素描结构表现方法	32
	桌边一景	•能初步掌握色彩色调表现原理 •能初步掌握和研究色彩表现方法	32
	匠艺榫卯研究	•能初步了解经典的中式园林建筑设计案例 •能初步进行案例的分析和研究	16
现代主义风格探索	压在布上的铝壶	•能深入了解精细素描表现要求 •能基本掌握精细素描结构的表现方法	32
	组合静物质感表现	•能深入了解色彩色调表现原理 •能基本掌握和研究色彩表现方法	32
	包豪斯建筑风格探究	•能初步了解欧洲文艺复兴时期经典的设计案例 •能初步进行案例的分析和研究	16

总课时：320

项目任务编撰负责人

项目	任务	编撰
空间一隅探索	画室的一角	吴云飞
	自然一角	李纯晔
	卧室空间研究	许彦杰
经典建筑探究	古典柱式绘制	陈乃逸
	古典柱式色彩表现	李纯晔
	中西方古典建筑研究	郭姗姗
中式园林寻景	窗边寻景	吴云飞
	桌边一景	李纯晔
	匠艺榫卯研究	许彦杰
现代主义风格探索	压在布上的铝壶	吴云飞
	组合静物质感表现	郭姗姗
	包豪斯建筑风格探究	郭姗姗

目 录
CONTENTS

项目一　空间一隅探索 ····················· **001**

　　任务一　画室的一角 ·····················001

　　任务二　自然一角 ·····················015

　　任务三　卧室空间研究 ·····················027

项目二　经典建筑探究 ····················· **039**

　　任务一　古典柱式绘制 ·····················039

　　任务二　古典柱式色彩表现 ·····················051

　　任务三　中西方古典建筑研究 ·····················065

项目三　中式园林寻景 ····················· **075**

　　任务一　窗边寻景 ·····················075

　　任务二　桌边一景 ·····················090

　　任务三　匠艺榫卯研究 ·····················103

项目四　现代主义风格探索 ····················· **116**

　　任务一　压在布上的铝壶 ·····················116

　　任务二　组合静物质感表现 ·····················130

　　任务三　包豪斯建筑风格探究 ·····················148

项目一　空间一隅探索

任务一　画室的一角

图1-1-1　临摹样稿　作者：吴云飞

一、任务描述

根据画室一角的实景，运用结构素描的方法，完成一张实景素描写生作品。

1. 任务实施课程

设计素描

2. 任务知识与技能要求

编号	知识点要求	技能点要求
1-1-1	了解素描绘画的基本工具	能根据任务主题选择合理的素描绘画工具
1-1-2	了解素描中构图的基本原则	能运用三角形构图法完成画面布局
1-1-3	明晰不同类型"线"的绘画方式	能运用不同类型的"线"完成画面空间绘制

3. 任务实施重难点

任务重点：准确掌握构图的基本原则。

任务难点：掌握并运用构图法则完成均衡构图的画面布局和绘制。

4. 任务职业素养

培养学生良好的绘画习惯，学会空间取景及构图；通过素描线条的初始训练，培养学生严谨的绘画工作态度。

二、任务实施

（一）基础性任务（跟我做）

1. 绘画工具的准备

常用的素描工具：铅笔、硬橡皮、软橡皮、擦笔、美工刀等（图1-1-2）。

图1-1-2　常用的素描工具

2. 知识点学习

素描构图的基本原则：均衡与对称原则及对比与视点原则。

（1）均衡与对称原则：能使画面具有稳定性，而稳定的画面符合通常的审美标准。因此，初学者在绘画时，往往会运用三角形构图（又称金字塔型构图）来获得整体画面的均衡与对称（图1-1-3）。

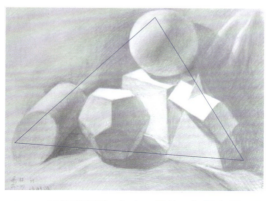

图1-1-3　三角形构图　作者：景喆　指导老师：吴云飞

（2）对比与视点原则：能使画面具有冲击力，更好地表达绘画的主体部分。在绘画时，可通过调整画面内容远近、物象大小、空间层次等构图方式，让作品要表达的主体内容始终位于视觉核心（图1-1-4、图1-1-5）。

学习笔记

资料小贴士

图1-1-4 对比与视点构图 作者：景喆 指导老师：吴云飞

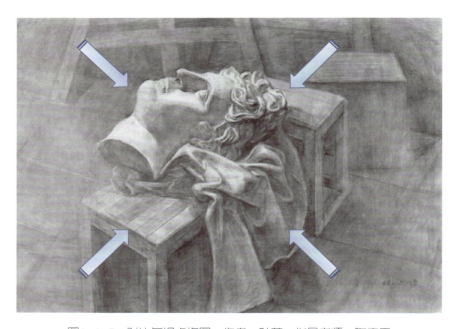

图1-1-5 对比与视点构图 作者：叶蕾 指导老师：陶惠平

3. 工作方法与技能手段/研究方法

通过观察与定位比较，结合素描构图的基本原则，完成画面物体空间构图的结构表现，把三维空间以二维画面的形式表达出来。

（1）绘画中的观察。

绘画中强调整体观察。整体观察属于感性观察，在观察时把视线散开，让眼睛看到对象全貌，而不仅限于局部细节，通常作用于绘画构图初时起稿、定位环节。（可以通过对不同角度的观察，来组织物象在画面中的构图，建立画面的造型秩序。）

（2）绘画中的构图与定位。

基于稳定的金字塔型构图，结合十字定位法（上、下、左、右定位），确定物体在画面中的位置。通过"局部饱满"和"上紧下松"原则让画面物象表达饱满，富有层次和节奏感（图1-1-6）。

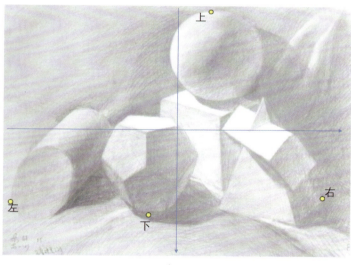

十字定位：
○ 上紧下松
○ 局部饱满

图1-1-6　十字定位法构图　作者：景喆　指导老师：吴云飞

（3）结构素描中的"线"。

线的表现在结构素描中是相当重要的。一般我们会用长线条、穿插线、延长线、辅助线等来表现、解析物体的结构，完成画面空间结构的表现（图1-1-7）。

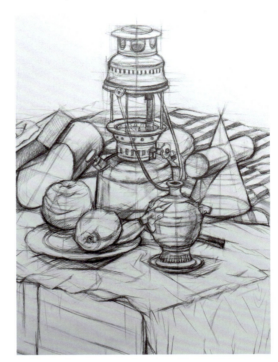

图1-1-7　结构素描的"线"　作者：张莉　指导老师：吴云飞

4. 任务实施范例

示范案例——画室的一角（图1-1-8）。

图1-1-8　实物图

步骤一：整体观察比较，物体定位，确定构图（图1-1-9）。

图1-1-9　起稿构图

步骤二：梳理主次结构关系，修正确定透视（图1-1-10）。

图1-1-10　确定透视

学习笔记

步骤三：明确物体与空间结构关系，开始做物体结构解析（图1-1-11）。

图1-1-11　结构解析

资料小贴士

步骤四：刻画主体结构细节，用线的深浅、粗细变化表现结构，初步形成空间透视效果（图1-1-12）。

图1-1-12　细节刻画

步骤五：调整画面整体关系，形成前实后虚的效果，进一步拉伸空间透视效果（图1-1-13）。

图1-1-13　整体调整

步骤六：在画面静物前后有序的基础上，强化画面阴影效果，凸显空间纵深感，增强画面的层次与效果（图1-1-14）。

图1-1-14　作品完成

（二）拓展性任务（想想做）

（1）任务名称：书桌一角。

（2）任务要求：学生以自己的书桌为例进行素描写生；将自己书桌上的文具等用品摆放成金字塔型构图；要求画面构图均衡，线条流畅，结构准确。

（3）任务成果：采用视觉日记本的形式完成任务。

（三）研究性任务（创造做）

学生通过网络搜索、书籍查找等多种途径，学习和研究除金字塔型构图之外的其他构图方式，并创作基于同一场景的三种以上不同构图形式的绘画作品。

三、学生任务实施展示栏

学生课堂学习任务：画室一角过程表现。

过程展示：请把作业要求完成的过程图拍成照片，粘贴在下面的空白框里。

（1）

（2）

（3）

教师评注

自我评注

（4）

（5）

（6）

四、任务实施反思

反思问题	反思内容
根据任务主题初步使用绘画工具后，你有哪些体会？	
通过项目任务实践，你对画面构图原则有了哪些认识？	
通过项目任务实践，你对画面布局有了哪些新的体会？	
在任务实施过程中，你遇到了哪些困难？	
在学习过程中，你还存在其他疑问吗？	

五、任务实施评价

评价形式	评价标准	评分				
		10	8	6	4	2
自评	工具使用规范					
	掌握构图原则					
	线条运用效果					
	任务作品效果					
教师	合理使用工具					
	画面构图均衡					
	任务实施过程					
	学习研究态度					
企业专家	作品创意表现					
	完成任务效果					
任务合计分值						

任务二 自然一角

图1-2-1 临摹样稿 作者：吴少函 指导老师：李纯晔

一、任务描述

分析莫奈风景画中的色彩，并运用合理的调色方法，完成一张色彩临摹作品。

1. 任务实施课程

色彩表现

2. 任务知识与技能要求

编号	知识点要求	技能点要求
1-2-1	了解色彩绘画的基本工具	能根据任务主题选择合适的色彩绘画工具
1-2-2	了解色彩的三大属性	能准确分析色彩绘画中物体的色相、明度和纯度
1-2-3	识记调色的方法	能掌握水与颜料的混合比例，并调准颜色

3. 任务实施重难点

任务重点：准确分析色彩绘画中的色相属性。

任务难点：分析色彩色相，并运用一定的调色方法调准颜色。

4. 任务职业素养

培养学生良好的色彩感知力和分析能力，通过对优秀大师作品的审美积累，树立扎实、优秀的审美观，提高艺术修养和鉴赏水平。

二、任务实施

（一）基础性任务（跟我做）

1. 绘画工具的准备

常用的色彩工具：画笔、颜料、调色板、水桶、吸水布等（图1-2-2）。

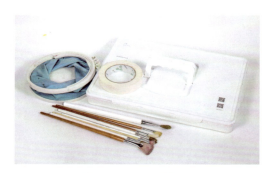

图1-2-2　常用工具

2. 知识点学习

（1）基本绘画工具特点及作用介绍。

水粉颜料：纯度高、艳丽明快、具有可覆盖性，表现力强。

水粉画笔：一般选择吸水性、软硬度、弹性都适中的为宜，如猪鬃笔、羊毛笔刷子、扇形笔。

调色板：作画时用于调色。

吸水布：用于吸干笔杆中多余的水分。

水桶：用于洗笔。

（2）色彩的三大属性。

色相：指色彩的面貌。色相是色彩的重要特征，决定了物体是什么颜色，除了黑白灰，任何颜色都是有色相属性的，如红色，可以分为朱红、橘红、玫瑰红、深红等。色彩以三原色（红色、黄色、蓝色）为基础，两个原色叠加生成橙色、绿色、紫色，即间色，也称二次色；三次色是由原色和二次色混合而成，根据不同的颜色比例可以调配生成复色（图1-2-3）。

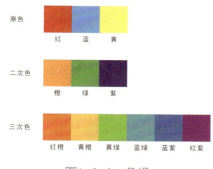

图1-2-3　色相

明度：指色彩的明暗程度，亮的明度高，暗的明度低。通过色彩的明暗变化，我们可以在绘画中营造出层次感、空间感以及视觉中心。

纯度：纯度指颜色所含杂色的程度，即色彩的饱和度，杂色少即纯度高。在色彩中三原色和三间色的纯度最高。

在孟塞尔色立体模型的三个轴上，可以看到色相的变化、纯度的变化、明度的变化。环形为不同的色相；从下往上依次表现为低明度至高明度的过渡；由中心向四周逐渐体现了低纯度向高纯度的过渡（图1-2-4）。

图1-2-4　孟塞尔色立体模型

3. 工作方法与技能手段/研究方法

（1）明度调色方法（图1-2-5）。

降低明度的方法：加黑色或其他低明度色（如普蓝色、紫色）。

提高明度的方法：加白色或其他高明度色（如拿坡里黄、钛白色）。

（2）纯度调色方法（图1-2-5）。

降低纯度的方法：添加不同比例的灰（如紫灰色、蓝灰色）。

纯度（饱和度）最高时，其颜色中不含灰色，色彩鲜艳，明度丰富。纯度较低时，其颜色中的灰色逐渐增加，从而使颜色更加灰暗，也就是说，灰色用量的比例决定了纯度的鲜艳程度。

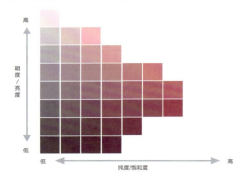

图1-2-5　明度、纯度调色方法

4. 任务实施范例

示范案例——自然一角（图1-2-6）。

图1-2-6　《草垛》　作者：莫奈

步骤一：以单色勾勒出草垛的位置并确定地平线位置（图1-2-7）。

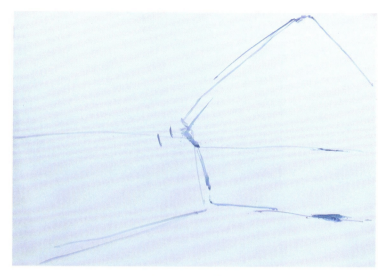

图1-2-7　起稿

步骤二：在单线稿的基础上用大笔触快速铺出画面大的色彩基调（图1-2-8）。

图1-2-8　铺大色调

步骤三：观察比较原画的色彩，尽可能调准颜色进行整体描绘（图1-2-9）。

图1-2-9 整体表现

步骤四：进一步刻画物体细节色块，使画面颜色尽可能和原画颜色一致（图1-2-10）。

图1-2-10 细节刻画

步骤五：用比较干和小的笔触深入塑造草垛，注意表现物体固有色的深浅关系（图1-2-11）。

图1-2-11 深入塑造

步骤六：在画面静物前后有序的基础上，强化画面阴影效果，凸显空间纵深感，增强画面层次与效果（图1-2-12）。

图1-2-12 作品完成

素材信息来源

资料小贴士

（二）拓展性任务（想想做）

（1）任务名称：临摹塞尚作品《从埃斯泰克欣赏马赛湾》（图1-2-13）。

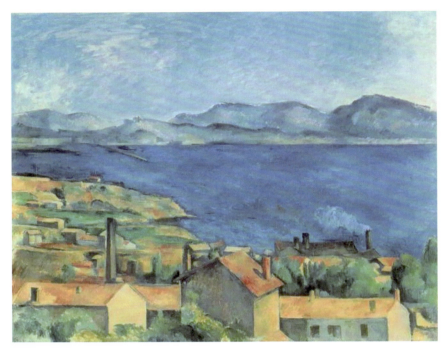

图1-2-13　《从埃斯泰克欣赏马赛湾》　作者：塞尚

（2）任务要求：观察作品中颜色之间的关系，分析颜色的纯度和明度，如画面中各种各样蓝的区分；通过用色比例的尝试并调准颜色。

（3）任务成果：采用视觉日记本的形式完成任务。

（三）研究性任务（创造做）

研究莫兰迪的作品，挑选自己最感兴趣的一幅作品进行色彩分析，可以分析整张画面的色彩关系、单色颜色的调配方法等，以小报形式呈现研究成果。

三、学生任务实施展示栏

学生课堂学习任务：自然一角过程表现。

过程展示：请把作业要求完成的过程图拍成照片，粘贴在下面的空白框里。

（1）

（2）

教师评注

自我评注

（3）

（4）

（5）

（6）

四、任务实施反思

反思问题	反思内容
根据任务主题使用绘画工具后，你有哪些体会？	
通过项目任务实践，你对色彩的三大属性有了哪些新的认识？	
在任务实施过程中，你遇到了哪些困难？	
在学习过程中，你还存在其他疑问吗？	

五、任务实施评价

评价形式	评价标准	评分				
		10	8	6	4	2
自评	工具使用规范					
	掌握调色方法					
	颜色准确程度					
	任务作品效果					
教师	画面色彩关系					
	颜色准确程度					
	任务实施过程					
	学习研究态度					
企业专家	作品创意表现					
	完成任务效果					
任务合计分值						

任务三　卧室空间研究

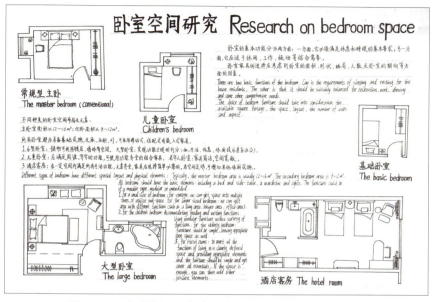

图1-3-1　临摹样稿　作者：戴文婧　指导老师：许彦杰

一、任务描述

通过资料搜集和梳理，绘制一张4K大小、图文混合的卧室空间设计平面图研究报告，需包含空间功能说明及分析。

1.任务实施课程

经典案例研究

2.任务知识与技能要求

编号	知识点要求	技能点要求
1-3-1	识记室内设计平面图中线条的含义	能辨析并运用线条来表达室内设计平面图
1-3-2	了解卧室空间布局的基本要素	能运用基本设计标准分析卧室空间布局方案

3. 任务实施重难点

任务重点：能识记室内设计平面图中线条的含义；能掌握卧室空间布局的基本要求。

任务难点：运用基本设计标准分析卧室空间布局方案的合理性。

4. 任务职业素养

培养学生学会根据设计要求，选择、筛选、比较和分析设计资料。通过对卧室平面图的大量阅读与积累，了解室内空间设计的需求和可以运用的元素，使研究报告内容丰富，解析逻辑清晰，体现卧室室内空间的功能与尺度关系。

二、任务实施

（一）基础性任务（跟我做）

1. 绘画工具的准备

常用的绘制工具：铅笔、针管笔、水笔、直尺、视觉日记本等（图1-3-2）。

图1-3-2　常用工具

2. 知识点学习

（1）室内平面图线型的基本含义。

细线：多采用0.1mm、0.2mm针管笔或墨线笔绘制，表达装

学习笔记

饰物投影、装饰线条。

中粗线：采用0.3mm、0.5mm针管笔或墨线笔绘制，表达主要物体的转折线、轮廓线、文字。

粗线：采用0.7mm、1.0mm针管笔或墨线笔绘制，表达建筑墙体的剖面轮廓、物体的剖面线。

（2）卧室布局所需要具备的基本空间要素。

① 分区和动线的安排。

卧室空间一般划分为睡眠区、储物区、梳妆区、展示区、学习区、活动区等。睡眠区是卧室中的重点，主要提供夜间休息睡眠的场所。储物区，一般存放日常所需的衣物、书籍以及床上用品等。卧室中还可以设置展示区、学习区和活动区，为平时晚间提供必要的私人活动空间。

分区的总体原则依据的是房主的个人需要及房间的大小。小房间可以选择一些节省空间的家具，此类家具也能帮助卧室划分更多区域，如使用隐藏式床具，就可以节省出更多的活动区空间。又如，有些分区可以独立出去，不必再行设计。如果有书房，则可以放弃学习区；如果已有起居室，也可以不另行设计活动区。

卧室属于私密性空间，空间内动线主要是以卧床为主的半环绕线路。在床尾侧留出不小于800mm的交通空间，床两侧留出不小于600mm的活动空间。

② 合理的空间诉求。

A.卧室是整个室内空间布局中的重要主体及核心空间，是人们停顿休息、提升生活愉悦感的场所。对于注重居家生活品质的现代人而言，卧室的布局应特别注意隐秘性，应仔细考虑其坐落的位置、通风和采光、床位的摆放等。

B.要将卧室置于日照通风条件最佳的位置。

C.床铺不宜摆在门对面，尽可能避免开门见床。

D.高大的衣柜应靠近墙边或墙角，避免靠近门窗，否则会阻挡自然光的照射，或有碍人的活动。可以选用透光性隔板或可调节、

资料小贴士

学习笔记

资料小贴士

可移动式的家具等方式解决通风、照明问题，也可以在室内培植适宜的绿植，达到净化空气、调节空气的作用。

E.床头柜与衣柜之间应预留不少于单扇开门的宽度。

F.卧室入口与电视柜之间应预留大于单扇开门的宽度。

G.空间布置尽量留白，即家具之间需要留出足够的空隙。

H.凡是碰到天花板的柜体，尽量放在与门同在的那堵墙或者站在门口一眼看不到的地方。

I.凡是在门口看得到的柜体，高度尽量不要超过2.2m。

J.门的正对面宜放置一些矮小的家具。

K.摆放的装饰品尽量规格小点。例如，装饰画可以用一些小幅的。

3. 工作方法与技能手段/研究方法

运用网络搜集设计资料已成为现在非常普遍的搜集、积累资料的方式。设计师是一个需要不断更新与积累知识和眼界的工作。每一位设计师在学习和工作中，都必须不断吸纳新知识和最前沿的设计艺术动态。然而，网络是一个纷繁复杂的新空间，其中虽然包含了大量的信息，但也正因为相关信息量的庞大，毫无筛选的资料信息会使得设计师失去原有的设计方向与主张。因此，在网络的大资料库中，学会筛选、积累信息并为自己所用就成为关键。

用怎样的方法排除不好的设计？

第一，要明白自己要的是什么。写下客户的需求，不符合概念和功能的都是不合适的资料，可以私人收藏但需要排除在此次搜寻的资料之外。

第二，高效地运用一些资料库的网站，如设计行业中获得高评分的设计作品集成网站。

第三，大量的视觉训练积累。虽然是一名室内设计专业的学生，但是也要广泛地搜索和积累不同设计领域的优秀作品，包括艺术作品。从中养成最佳的审美素养与习惯，进而影响自己本专业的设计眼光。不同的艺术门类，不同的设计专业，甚至是不同的行业之间都有可能碰撞出不一样的火花。因此，广泛的积累尤为重要。

4. 任务实施范例

示范案例——卧室空间研究。

步骤一：进行资料收集和视觉日记本记录（图1-3-3）。

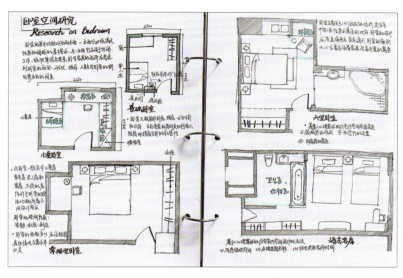

图1-3-3　资料收集、草图

步骤二：用铅笔完成研究方案的平面图构图排版布局（图1-3-4）。

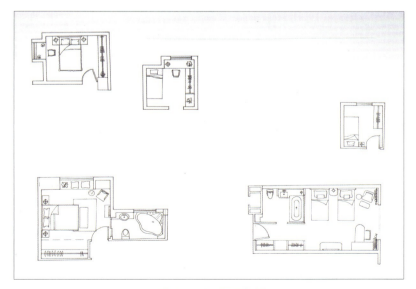

图1-3-4　完成构图

学习笔记

步骤三：运用墨线笔完成平面图描绘，设计报告的文字布局（图1-3-5）。

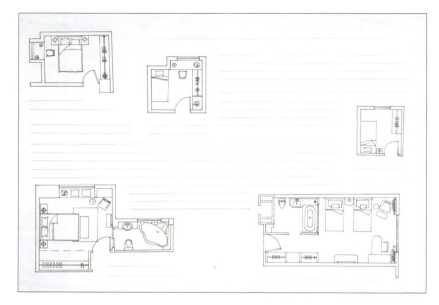

图1-3-5 设计文字布局

步骤四：完成研究主题标注、平面图注释（图1-3-6）。

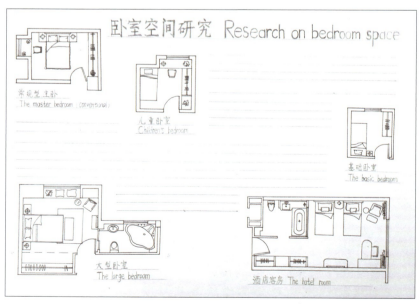

图1-3-6 研究主题标注、平面图注释

资料小贴士

步骤五：完成墨线稿（图1-3-7）。

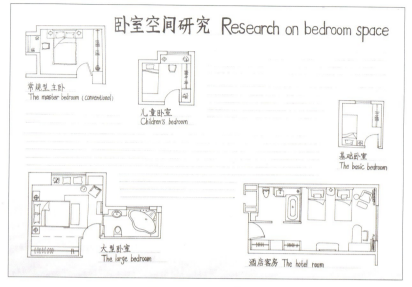

图1-3-7　完成墨线稿

步骤六：画面整体完善，完成研究报告（图1-3-8）。

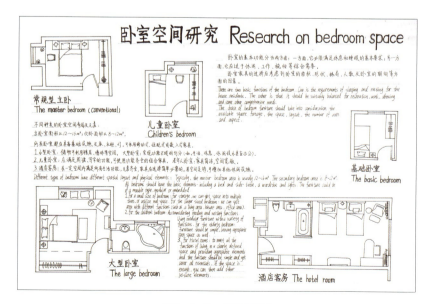

图1-3-8　作品完成

素材信息来源

资料小贴士

（二）拓展性任务（想想做）

（1）任务名称：专卖店空间研究。

（2）任务要求：通过资料搜集、梳理、绘制，在视觉日记本上以图文混合、剪贴等方式，完成以专卖店空间设计平面图、透视图为主，包含空间功能说明的系列研究报告。

（3）任务成果：在视觉日记本上完成一套专卖店空间研究的系列研究报告。

（三）研究性任务（创造做）

制作一份包含平面图、透视图、功能说明、改进意见的国际汽车展示空间设计研究报告PPT。

三、学生任务实施展示栏

学生课堂学习任务：卧室空间研究的过程表现。

过程展示：请把作业要求完成的过程图拍成照片，粘贴在下面的空白框里。

（1）

（2）

（3）

教师评注

自我评注

（4）

（5）

（6）

四、任务实施反思

反思问题	反思内容
根据对任务主题的了解，你还可以通过哪些途径搜集材料？	
通过项目任务实践，你是否清楚了解了平面图绘制中不同线型的分类及其基本含义？	
你在研究过程中掌握了哪些研究分析方法？	
在任务实施过程中，你遇到了哪些困难？	
在学习过程中，你还存在其他疑问吗？	

五、任务实施评价

评价形式	评价标准	评分				
		10	8	6	4	2
自评	正确检索资源					
	掌握研究方法					
	掌握线型属性					
	研究报告效果					
教师	研究过程完整					
	研究方法正确					
	报告编制严谨					
	研究态度合理					
企业专家	研究报告完整					
	完成任务效果					
任务合计分值						

项目二　经典建筑探究

任务一　古典柱式绘制

图2-1-1　临摹样稿　作者：陈乃逸

一、任务描述

以一组包含罗马柱头的桌面静物为写生对象，运用素描明暗结构写生的方法，表现静物比例关系与柱式结构，完成一张实景素描写生作品。

1. 任务实施课程

设计素描

2. 任务知识与技能要求

编号	知识点要求	技能点要求
2-1-1	了解古典主义三大柱式的特点	能运用简单几何体造型来解剖与概括古典主义三大柱式的不同
2-1-2	掌握物体结构绘画分析方法	能运用延长线、辅助线、穿插线的绘制方式分析物体结构
2-1-3	了解画面中的比例关系绘制方法	能准确表现画面中物体及物体之间的比例关系

3. 任务实施重难点

任务重点： 分析静物组在画面中的比例关系及各静物本身的结构关系。

任务难点： 合理运用延长线、辅助线等找到并确认静物在画面中的比例和结构关系。

4. 任务职业素养

培养学生对空间比例关系的敏感性与感知力、分析能力，通过对古典柱式比例的学习和画面比例关系的实践，充分认知视觉比例的重要性。

二、任务实施

（一）基础性任务（跟我做）

1. 绘画工具的准备

常用的素描工具：铅笔、硬橡皮、软橡皮、擦笔、美工刀等。

2. 知识点学习

维特鲁威（Vitruvius）在《建筑十书》之中曾首次对柱式进行了分析。他认为：希腊古典柱式是欧洲古典建筑的表达方式，柱式的选择直接影响和关系着建筑整体风格的构建，是一种建筑语汇。

希腊古典柱式主要分为多立克柱式、爱奥尼柱式和柯林斯柱式三种。[①]其主要区分之处在于柱头部分的装饰以及柱身的纹理和比例。

（1）多立克柱式（Doric）。

多立克柱式是最古老且简约的希腊古典柱式，大约出现在公元前7世纪。这种柱式以男性身体为原型，表达简单强壮的寓意，其线条简洁干净，在希腊建筑中主要用于表达男性特征。其高宽比约为8：1，主要适用于较为低矮的建筑（图2-1-2）。

（2）爱奥尼柱式（Ionic）。

爱奥尼柱式形态流线感较强，代表着女性的身体。维特鲁威认为，其通体"有着女性般的修长体态"。爱奥尼柱式的高宽比约为9：1，因此这种柱式看上去比多立克式要修长一些（图2-1-3）。

（3）柯林斯柱式（Corinthian）。

柯林斯柱式在希腊柱式中最为精致，有着工艺精湛的细部设计，维特鲁威认为，它代表着"苗条少女的身材"。柱头上雕刻着立体的茛苕叶图案，其高宽比为10：1，在三种柱式中最为修长（图2-1-4）。

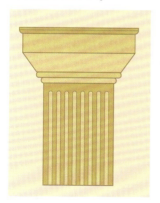  

图2-1-2 多立克柱式　　图2-1-3 爱奥尼柱式　　图2-1-4 柯林斯柱式

[①]文源：佚名. 古典主义代表：5种不同柱式[EB/OL]. （2018-05-12）[2021-05-26]. https://www.sohu.com/a/231407372_465804.

学习笔记

资料小贴士

3. 工作方法与技能手段/研究方法

（1）以静物顶边线与底边线为参考线，寻找各静物在画面中的比例及位置关系。

（2）物体形制较大或难以定位时，可根据素描构图原则，寻找静物边缘位置与纸边（绘画静物框）之间的距离和比例关系，从而找到静物确切的比例和位置。我们将这样的方法称为"负形"定位法。

（3）通过观察，捕捉静物各结构节点的位置，并在结构变化的节点上添加辅助线，帮助找准物体的形体变化，强调物体结构关系和立体感。

4. 任务实施范例

示范案例——古典柱式绘制（图2-1-5）。

图2-1-5　原图

步骤一：整体观察，构图定位（图2-1-6）。

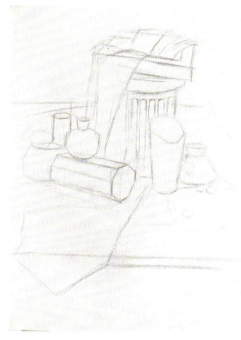

图2-1-6　起稿

步骤二：梳理静物主次结构关系，修正确定透视（图2-1-7）。

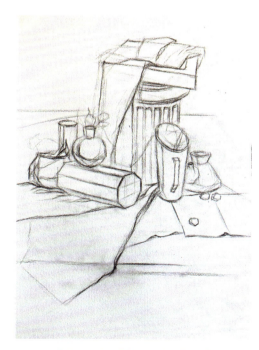

图2-1-7　梳理主次结构关系

学习笔记

资料小贴士

步骤三：铺大体画面明暗色调关系（图2-1-8）。

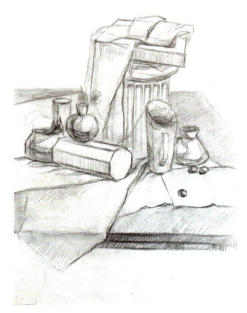

图2-1-8　明确明暗关系

步骤四：刻画主体静物结构细节，丰富暗部素描层次，初步形成空间透视效果（图2-1-9）。

图2-1-9　细节刻画

步骤五：调整画面整体关系，形成前实后虚对比，进一步拉伸空间透视效果（图2-1-10）。

图2-1-10　整体调整

步骤六：强化画面阴影层次效果，凸显空间纵深感和主体静物，进一步丰富画面（图2-1-11）。

图2-1-11　作品完成

（二）拓展性任务（想想做）

（1）任务名称：希腊古典柱式写生。

（2）任务要求：学生在另两种古典柱式中选择其中一种柱头的特写照片进行绘制；要求画面构图均衡，结构比例准确，线条流畅。

（3）任务成果：采用视觉日记本的形式完成任务。

（三）研究性任务（创造做）

学生通过网络搜索、书籍查找等多种搜索途径，学习和研究古典柱式和黄金比例之间的联系，并基于爱奥尼柱式绘制其黄金比例分割线，形成一份研究性报告。

三、学生任务实施展示栏

学生课堂学习任务：古典柱式绘制的过程表现。

过程展示：请把作业要求完成的过程图拍成照片，粘贴在下面的空白框里。

（1）

（2）

（3）

教师评注

自我评注

（4）

（5）

（6）

四、任务实施反思

反思问题	反思内容
你在任务学习中对于物体比例与画面比例构建的体会有哪些？	
通过项目任务实践，你对画面辅助线添加的规律是否有所理解？	
在任务实施过程中，你还遇到了哪些困难？	
在学习过程中，你还存在其他疑问吗？	

五、任务实施评价

评价形式	评价标准	评分				
		10	8	6	4	2
自评	画面比例关系					
	物体结构比例					
	线条运用效果					
	完成作品效果					
教师	画面构图比例					
	物体结构分析					
	任务实施过程					
	学习研究态度					
企业专家	作品创意表现					
	完成任务效果					
任务合计分值						

任务二　古典柱式色彩表现

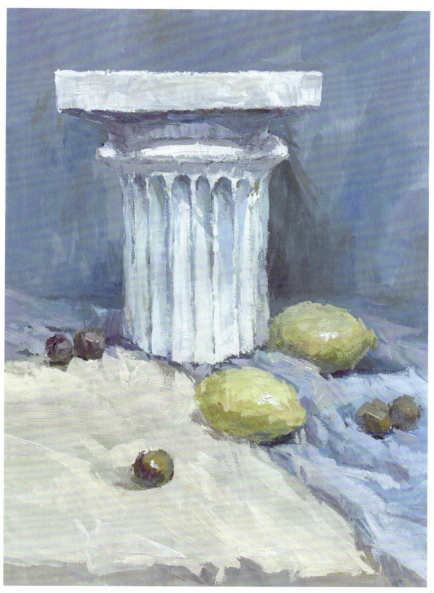

图2-2-1　临摹样稿　作者：李纯晔

二、任务描述

依据古典柱式的静物组合实景，通过色彩冷暖对比的学习，完成一张冷色调实景色彩写生作品。

1. 任务实施课程

色彩表现

2. 任务知识与技能要求

编号	知识点要求	技能点要求
2-2-1	了解色彩冷暖色的属性	能通过分析色彩冷暖来表现画面
2-2-2	了解色彩的体块表现方式	能运用大笔触概括物体体块来表现物体的体积感
2-2-3	了解色彩笔触的分类	能运用刷、摆、点等用笔技法绘制画面

3. 任务实施重难点

任务重点： 了解和掌握冷暖色在画面中的运用。

任务难点： 通过运用色彩冷暖对比的方法表现画面空间色调关系。

4. 任务职业素养

培养学生对于色彩冷暖的感受力，并且具备运用色彩冷暖，营造空间氛围的表现方法；进一步培养学生对色彩配色的把控能力；树立学生细腻的审美观；提高学生的艺术修养和鉴赏水平。

二、任务实施

（一）基础性任务（跟我做）

1. 绘画工具的准备

常用的色彩工具：画笔、颜料、调色板、水桶、吸水布等。

2. 知识点学习

（1）色彩的关系（图2-2-2）。

在色彩关系中，我们可以将色彩与色彩之间的关系分为类似色、邻近色、对比色、互补色和冷暖色。

类似色：又称同类色，色相属性相同，是色相环中30°夹角内的颜色。

邻近色：是色轮上60°角以内相邻的颜色。

对比色：是色轮上120°～180°角以内相邻的颜色。

互补色：是色轮上180°角相邻的颜色，如黄紫、红绿、蓝橙。

冷暖色：一是色与色之间的冷暖差异；二是物体受光后的冷暖变化。

图2-2-2　色相环

（2）色彩的冷暖。

① 冷暖属性。

心理学上根据心理学感觉，把色彩基本分为暖色、冷色和中性色。暖色给人温暖、热情的感觉，冷色往往给人寒冷、清凉的感觉，而中性色给人不冷不热的感觉。

暖色：红色、黄色、橙色等；

冷色：蓝紫色、蓝绿色等；

中性色：黑色、白色、灰色等；

暖极（最暖色）：红橙色；

冷极（最冷色）：蓝色。

学习笔记

资料小贴士

② 冷暖对比。

在绘画中，色彩冷暖是相对的，如绿色中的黄绿色较暖，而蓝绿色较冷。因此，我们可以运用冷暖对比去分析和比较颜色，从而更好地表现画面，突出画面重点，让画面层次更加丰富。

在冷暖对比中有强弱之分，有强对比、弱对比、中等对比，用于表现不同视觉效果。例如，强对比会产生一种强烈的冲击力，弱对比相对就比较柔和、自然，色彩搭配的可能性也更多。

冷暖强对比：冷极对比暖色，暖极对比冷色。

冷暖弱对比：暖极对比暖色，冷极对比冷色。

③ 笔触分类（图2-2-3）。

在绘画过程中，我们常用的笔触有刷、摆、提、点、勾。

刷：多用于铺大色调，如背景、衬布。

摆：多用于塑造物体，如水果、罐子。

提：多用于物体边缘，衬托亮部，丰富画面。

点：应用面广，可分为长点、短点，用于塑造物体，丰富画面。

勾：勾线，多用于勾形。

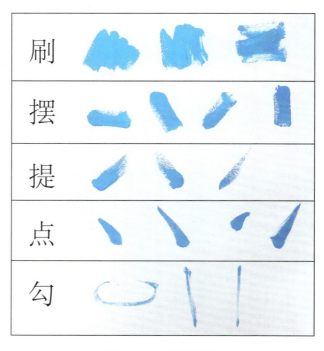

图2-2-3　笔触类型

3. 工作方法与技能手段/研究方法

（1）可以从两个方面研究和组织景物（静物）画面中的冷暖。第一个角度，观察景物原本色彩，占比例多者则为其主色调，如画面中的布是蓝色、紫色时，画面为冷调；画中的布是红色、黄色时，画面为暖调。第二个角度，观察光源的冷暖，不同的光源对相同物体也可能产生不同的冷暖效果，如白炽灯偏冷。

暖色变冷色的方法：暖色中调入少许冷色，可使其色彩属性产生变化，从而更好地融入和协调画面色调。

（2）色彩静物的体块表现方式：一般用大笔触切形的技法表现物体的体积（图2-2-4）。

图2-2-4 色彩的体块表现 作者：张磊

4. 任务实施范例

示范案例——古典柱式色彩表现（图2-2-5）。

图2-2-5　实物图

步骤一：以单色勾出大致的空间透视与桌面静物的位置（图2-2-6）。

图2-2-6　起稿

步骤二：用单色确定物体外形和画面大的明暗关系，使其关系更明确（图2-2-7）。

图2-2-7　完成单色

步骤三：用大笔触简洁地铺出大的明暗关系和色块，注意整体空间色彩的冷暖变化与色调（图2-2-8）。

图2-2-8　整体表现

步骤四：进一步刻画物体细节体块，使画面在统一的色调内更丰富，注意冷暖色的运用（图2-2-9）。

图2-2-9　细节刻画

步骤五：用比较干和比较小的笔触深入塑造各个物体，注意物体固有色的冷暖关系以及物体的质感表现（图2-2-10）。

图2-2-10　深入塑造

步骤六：对画面整体进行调整，并着重处理空间的前后纵深关系（图2-2-11）。

图2-2-11　作品完成

（二）拓展性任务（想想做）

（1）任务名称：古典柱式暖调练习（图2-2-12）。

图2-2-12　暖灯下的静物

（2）任务要求：静物受到暖灯照射后，观察整体画面冷暖属性有没有变化；运用暖色调完成作品，并与上一张画做对比。

（3）任务成果：采用视觉日记本的形式完成任务。

（三）研究性任务（创造做）

研究电影中画面的冷暖。在电影中寻找光对场景的冷暖体现，截出相应图片，并思考冷暖色给人带来的心理感受，以小报形式呈现研究成果。

三、学生任务实施展示栏

学生课堂学习任务：古典柱式色彩表现的过程。

过程展示：请把作业要求完成的过程图拍成照片，粘贴在下面的空白框里。

（1）

（2）

教师评注

（3）

自我评注

教师评注

自我评注

（4）

（5）

（6）

四、任务实施反思

反思问题	反思内容
根据任务主题分析，你认为冷暖光源对画面色彩有哪些影响？	
通过项目任务实践，你对画面中的体块概括有哪些新的认识？	
在任务实施过程中，你还遇到了哪些困难？	
在学习过程中，你还存在其他疑问吗？	

五、任务实施评价

评价形式	评价标准	评分				
		10	8	6	4	2
自评	掌握调色方法					
	冷暖关系准确					
	体块表现效果					
	完成作品效果					
教师	画面技法表现					
	冷暖关系准确					
	任务实施过程					
	学习研究态度					
企业专家	作品创意表现					
	完成任务效果					
任务合计分值						

任务三　中西方古典建筑研究

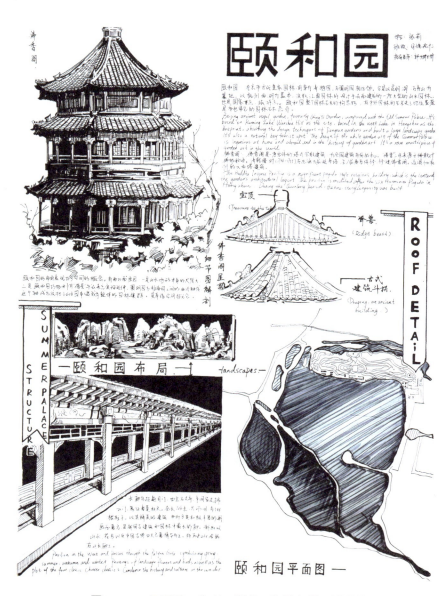

图2-3-1　示范稿　作者：张莉　指导老师：郭姗姗

一、任务描述

选择一特色古典建筑，就其风格特征，运用图文结合的分析方法，绘制建筑分析研究报告。

1. 任务实施课程

经典案例参观

2. 任务知识与技能要求

编号	知识点要求	技能点要求
2-3-1	了解古典建筑平面、结构、材料及装饰特点	能识记中西方古典建筑的差异
2-3-2	了解单体建筑研究分析方法	能基于逻辑分析框架绘制建筑风格分析报告

3. 任务实施重难点

任务重点： 运用图文结合的方式绘制建筑。

任务难点： 读图及辨识建筑平面与结构；根据逻辑框架，分析及研究建筑风格；通过分类，比较中西方建筑的异同。

4. 任务职业素养

培养学生良好的分析习惯和严谨的绘画工作态度。

二、任务实施

（一）基础性任务（跟我做）

1. 绘画工具的准备

常用的绘制工具：针管笔、马克笔、软橡皮、擦笔、美工刀等。

2. 知识点学习

中西方古典建筑的特征主要体现在以下几方面。

（1）建造材料。

中国古典建筑相对于西方古典建筑而言，使用的木材比较多，木结构建筑技术的体系发展比较完备，并有众多相关的著作，如《营造法式》。西方古典建筑则较多运用砖石。

中国古典建筑多木质结构，木材的耐久性不如石头，我国现存最久远的木构建筑是山西的应县木塔，已有近千年的历史。西方古典建筑中也会用到木材，但随着时间的推移，木材部分损毁后，只有砖石部分还留存，如帕特农神庙、罗马斗兽场。

（2）建筑结构。

中国古典建筑以砖瓦坡顶为主，其房屋结构为榫卯结构。

西方古典建筑以穹顶结构为特色，其结构为石料的物理性力学堆叠。

（3）建筑单体和群体的构成方式。

中国古典建筑不强调单体建筑本身，往往会通过众多的建筑物形成一个整体，展现出一个整体的面貌，像丽江古城、故宫等都是建筑群；而西方古典建筑强调单体建筑形象，无论是神庙、教堂还是市政厅，这些建筑的正立面是非常完整的，而且大型的公共建筑前一般都会有一个巨大的广场，广场的尺寸是经过设计的，保证人们在广场上有合适的仰角来欣赏建筑。

3. 工作方法与技能手段/研究方法

通过查阅资料和书籍，整理该建筑的相关资料内容，并结合适当的图示表达。在绘制过程中需要了解的信息包括以下几点。

① 建造的年代及时代政治文化大背景。

② 当时的建筑方向和趋势，建筑风格及其在建筑史中的地位。

③ 建筑师或者建筑团队的名称及其代表作品、学术思想。

④ 该建筑的设计目的：是为了解决某种实际的功能问题或者环境问题，还是建筑师用来表达自己的设计主张，或是其他。

⑤ 建造过程中的重要事件。

4. 任务实施范例

示范案例——古典建筑研究。

步骤一：根据内容进行文字图案位置排版（图2-3-2）。

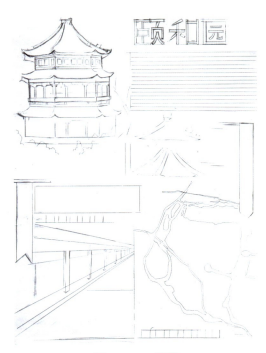

图2-3-2　起稿

步骤二：完善画面建筑结构（图2-3-3）。

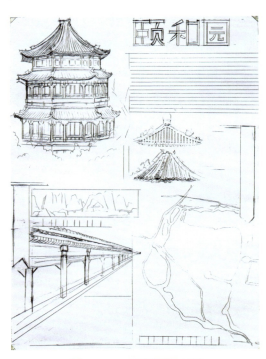

图2-3-3　完善画面内容

步骤三：绘制画面建筑细节（图2-3-4）。

图2-3-4　刻画细节

步骤四：调整并完善画面建筑图示黑白关系（图2-3-5）。

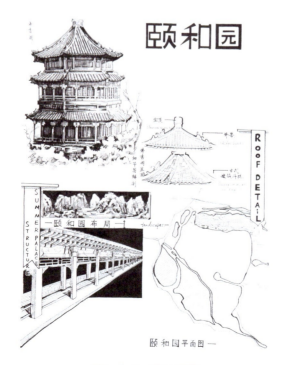

图2-3-5　整体调整

步骤五：补充文字部分（图2-3-6）。

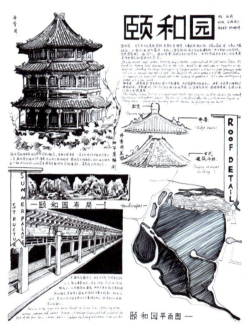

图2-3-6　作品完成

（二）拓展性任务（想想做）

（1）任务名称：古希腊神庙调研报告。

（2）任务要求：学生通过网络搜索、书籍查找等方式学习和研究古希腊神庙建筑的风格特点，绘制图文结合的调研报告；建筑结构准确，刻画深入；画面排版均衡，字迹清晰。

（3）任务成果：在视觉日记本上完成一份古希腊神庙建筑研究报告。

（三）研究性任务（创造做）

学生通过多种途径探究和考察上海不同时期的不同建筑风格特色，学习和研究其中一种建筑风格，针对其历史背景和建筑特色制作研究报告。

三、学生任务实施展示栏

学生课堂学习任务：中西方古典建筑研究的过程表现。

过程展示：请把作业要求完成的过程图拍成照片，粘贴在下面的空白框里。

（1）

（2）

教师评注

自我评注

（3）

（4）

（5）

（6）

四、任务实施反思

反思问题	反思内容
根据任务主题，你使用了哪些途径搜索资料？	
通过项目任务实践，你对中西方古典建筑的异同有了哪些新的认知？	
在任务实施过程中，你还遇到了哪些困难？	
在学习过程中，你还存在其他疑问吗？	

五、任务实施评价

评价形式	评价标准	评分				
		10	8	6	4	2
自评	正确检索资源					
	掌握研究方法					
	掌握图示绘制					
	研究报告效果					
教师	研究过程完整					
	研究方法正确					
	报告编制严谨					
	研究态度合理					
企业专家	研究报告完整					
	完成任务效果					
任务合计分值						

项目三 中式园林寻景

任务一 窗边寻景

图3-1-1 临摹样稿 作者：吴云飞

一、任务描述

根据窗边一角的实景，运用明暗素描的方法，完成一张场景明暗素描写生作品。

1. 任务实施课程

设计素描

学习笔记

资料小贴士

2. 任务知识与技能要求

编号	知识点要求	技能点要求
3-1-1	了解不同光源的分类特点	能辨析及表现不同光源的特点
3-1-2	了解物体空间光影变化特性	能运用线面结合画法表现明暗五大调
3-1-3	了解画面色调的表现方式	能运用明暗交界线解析物体的受光结构特性

3. 任务实施重难点

任务重点：准确观察光影，掌握素描光影变化规律并准确表现光影变化。

任务难点：掌握并运用明暗交界线解析物体的受光结构，通过明暗五大调表现物体的体积和画面空间关系。

4. 任务职业素养

培养学生空间光感的认知，提升学生对于画面黑白关系的协调及判断能力。提高学生绘画空间表达的细腻度，使其具备细致观察和严谨绘画的工作态度。

二、任务实施

（一）基础性任务（跟我做）

1. 绘画工具的准备

常用的素描工具：铅笔、硬橡皮、软橡皮、擦笔、美工刀等。

2. 知识点学习

所有物体都是载体，明暗素描绘画追求的是光线对载体产生的影响。了解认识光影，运用素描技法准确诠释、表达光影，从而刻画物体以及物体所处的空间。

（1）不同角度的光源分类。

不同角度的光源可以形成不同的光影。对于初学者而言，能辨别光照的来源方位对绘画的完成至关重要。依据光源投射到物体的位置，光源大体可分为：顺光源、侧光源、逆光源、散光源等。

　　顺光源：光线投射的方向和画者位置视线方向一致。光源顺着视线观察的物体顺方向照射物体；物体的受光面比背光面多。顺光源的明暗素描画面大多比较明亮，亮灰部层次丰富（图3-1-2）。

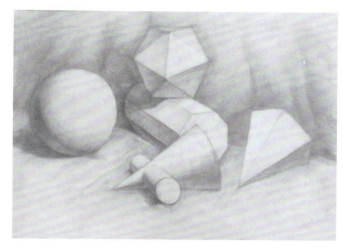

图3-1-2　顺光源　作者：葛世杰　指导老师：吴云飞

　　侧光源：光线投射的方向和画者位置视线的方向成90°角。物体的受光面与背光面各占一半。侧光源的明暗素描画面偏向中性色调，注重画面调性平衡（图3-1-3）。

图3-1-3　侧光源　作者：徐婕　指导老师：吴云飞

　　逆光源：光线投射的方向和画者位置视线方向相对，光源从视线观察的物体背后照射过来。物体的受光面积少，背光面积比

受光面积多。逆光源的明暗素描画面色调大多偏暗，着重刻画暗部
（图3-1-4）。

图3-1-4 逆光源 作者：徐婕 指导老师：吴云飞

散光源：大多是由自然光源的漫反射形成，初看时没有明确的主
光源方向。散光源的明暗素描需要绘画者通过观察分析，提炼，适当
加强某些光线的光影效果，并运用到绘画表现中（图3-1-5）。

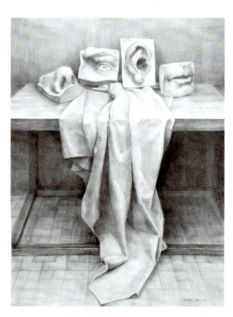

图3-1-5 散光源 作者：佚名 指导老师：金莉莉

（2）物体空间光影变化特征（图3-1-6）。

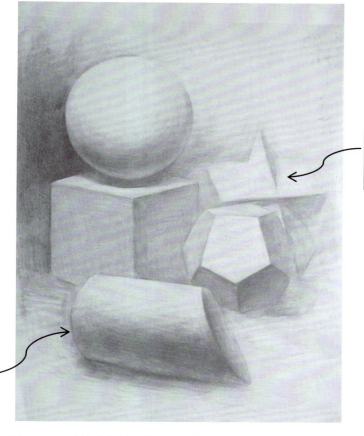

距离光源远的物体，明暗对比弱。

距离光源近的物体，明暗对比强。

图3-1-6 光影变化特征分析 作者：徐婕 指导老师：吴云飞

光源与物体距离的远近能够在物体与空间形成不同的光影强度。

距离光源近的物体，明暗光影对比强；反之，距离光源越远的物体，光影上的明暗对比越弱。在明暗素描表现中，明暗色调深浅、浓淡的变化，使物体产生了体积感，画面产生了空间感，从而让画面物体空间光影有序变化。

光影的照射使物体产生了三大面、五大调：三大面——受光面、侧光面、背光面；五大调——高光、亮灰部、明暗交界线、反光、投影。

学习笔记

　　三大面、五大调的观察与表现应贯穿于明暗素描的整个绘画过程中。物体确定明暗色调后，依据所要表达的物体、空间等结构，通过控制铅笔线条的深浅以及疏密变化，画出明暗渐变，完成明暗块面之间的过渡（图3-1-7、图3-1-8）。

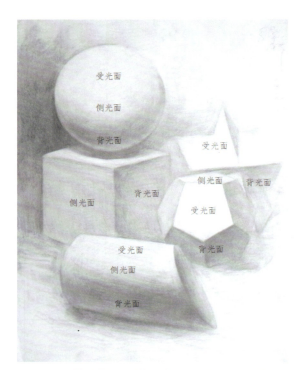

图3-1-7　三大面　作者：徐婕　指导老师：吴云飞

资料小贴士

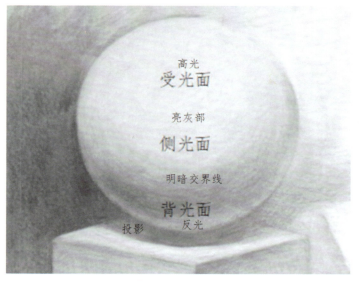

图3-1-8　五大调

3. 工作方法与技能手段/研究方法

在素描表现中，明暗交界线起着至关重要的作用。

明暗交界线，是物体的结构线，它是物体素描中灰部和暗部的交界部分，又可谓"明暗交界面"，统称"明暗交界线"。表现明暗交界线还是面，需依据物体的结构形状来判定；明暗交界线颜色的深浅则根据距离光源的远近以及光源照射的光亮程度来决定；同时明暗交界线的形状顺应素描物体中的结构变化而变化（图3-1-9）。

图3-1-9 明暗交界线分析实例图 作者：马笑雷 指导老师：吴云飞

4. 任务实施范例

示范案例——窗边寻景（图3-1-10）。

图3-1-10 实景图

学习笔记

资料小贴士

步骤一：整体观察比较，确定构图，物体定位（图3-1-11）。

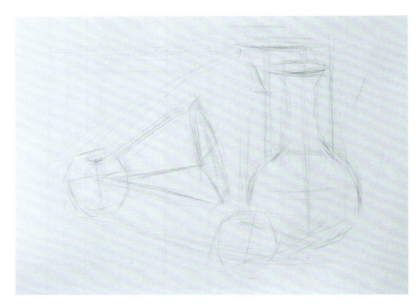

图3-1-11　起稿

步骤二：明确光源位置，确定三大面（图3-1-12）。

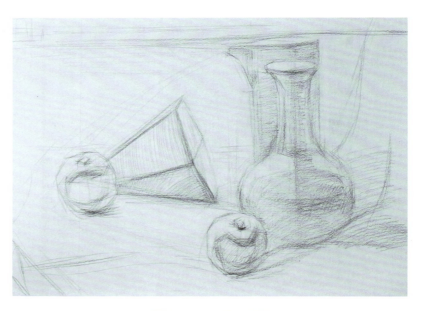

图3-1-12　完成构图

步骤三：梳理明暗关系后，确定画面明暗色块（图3-1-13）。

图3-1-13　整体表现

步骤四：分析画面五大调，注意主体结构细节，着手深入刻画（图3-1-14）。

图3-1-14　细节刻画

步骤五：调整画面整体关系，形成前实后虚的空间效果（图3-1-15）。

图3-1-15　整体调整

步骤六：在画面静物前后有序的基础上，强化主体物的光影效果，凸显空间纵深感，丰富画面的层次（图3-1-16）。

图3-1-16　作品完成

（二）拓展性任务（想想做）

（1）任务名称：教学楼里的光影寻景。

（2）任务要求：用延时摄影的方式记录同一空间在不同时间段的光影变化；选取4张不同时段的光影变化图片进行素描光影速写表现。

（3）任务成果：采用视觉日记本的形式完成任务。

（三）研究性任务（创造做）

学生通过网络搜索、书籍查找等多种搜索途径，结合光影知识，对优秀动画或电影场景空间作品做明暗光影的思考分析，写出研究心得，并做类似光源场景空间仿画。

三、学生任务实施展示栏

学生课堂学习任务：窗边寻景的过程表现。

过程展示：请把作业要求完成的过程图拍成照片，粘贴在下面的空白框里。

（1）

（2）

（3）

（4）

（5）

（6）

四、任务实施反思

反思问题	反思内容
通过项目任务对不同光影在物体上产生不同体积关系的学习，你有了哪些新的认识？	
你对明暗交界线的运用有哪些新的认识？	
在任务实施过程中，你遇到了哪些困难？	
在学习过程中，你还存在其他疑问吗？	

五、任务实施评价

评价形式	评价标准	评分				
		10	8	6	4	2
自评	光影分析准确					
	掌握明暗表现					
	明暗层次刻画					
	任务作品效果					
教师	明暗表现准确					
	画面色调均衡					
	任务实施过程					
	学习研究态度					
企业专家	作品创意表现					
	完成任务效果					
任务合计分值						

任务二　桌边一景

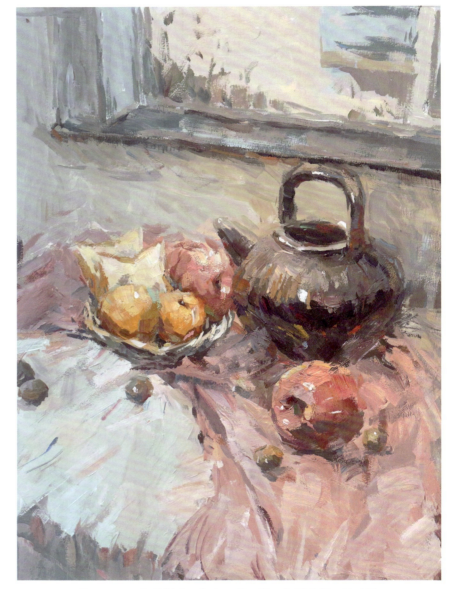

图3-2-1　临摹样稿　作者：李思维　指导老师：李纯晔

一、任务描述

根据桌边一景，运用色彩空间表现的原理，完成一张有调性的静物色彩作品。

1. 任务实施课程

色彩表现

2. 任务知识与技能要求

编号	知识点要求	技能点要求
3-2-1	了解色彩的调性	能通过色相和明暗分析表现不同调子的绘画作品
3-2-2	了解环境色的运用规律	能掌握固有色和环境色的调色关系
3-2-3	了解色彩空间表现的原理	能运用近艳远灰、近暖远冷的方法表现画面空间感

3. 任务实施重难点

任务重点：对于色彩调性的理解和运用。

任务难点：通过对色相和明暗的分析进行调色，从而表现不同调子的静物绘画。

4. 任务职业素养

培养学生对于色彩的感受力，了解调性与环境色及静物固有色的协调关系和视觉作用，提升学生艺术审美，使其具备自主判断和定位色调的能力。

二、任务实施

（一）基础性任务（跟我做）

1. 绘画工具的准备

常用的色彩工具：画笔、颜料、调色板、水桶、吸水布等。

2. 知识点学习

（1）色调。

色调是指图像的相对明暗程度，在彩色图像上表现为颜色。一幅绘画作品虽然用了多种颜色，但色彩运用上可以有一定的倾向性，具备大的色彩效果，如偏黄或偏蓝，偏暖或偏冷，等等。这种颜色上的倾向就是一幅绘画作品的色调。通常可以从色相、冷暖、明度、纯度四个方面来定义一幅作品的色调。从色相上分有黄色调、绿色调、蓝色调等；从明度上分有深色调、浅色调、灰色调；从冷暖上分有冷色调、暖色调、中间色调（图3-2-2）。

图3-2-2　鲁昂大教堂　作者：莫奈

（2）固有色、光源色与环境色。

在色彩绘画过程中，一般会考虑到物体的固有色、光源色、环境色。

固有色：也称物体色，指物体原本的颜色。如黄色的香蕉，红色的番茄，绿色的叶子，等等。

光源色：指某种光线照射到物体后产生的色彩变化。光的来源分为两类，自然光和人造光。简单地说，"自然光"就是大自然中的光，由于大自然的变化，即使是阳光，早上、正午、傍晚的太阳光都是不一样的，而"人造光"指的是灯光，如白炽灯、黄色的台灯等。

环境色：是指人们看到的物体上呈现出的周围环境的色彩。环境色往往不是单一的，而是相互影响的，受光的作用，一个物体受到周围物体反射的颜色引起原物体的颜色变化。如一个黄苹果，它会受到蓝色布的影响，黄苹果身上会出现蓝色或绿色。

3. 工作方法与技能手段/研究方法

（1）色彩空间感的表现。

色彩的空间感是指运用色彩在二维的空间中表现出三维的视觉效果。可以运用色彩的冷暖、深浅、强弱等对比方法表现出画面的空间感和静物的立体感。

在色彩绘画中，除了利用物体近大远小的透视关系表现空间感，还可以利用前实后虚、近暖远冷的绘画手段表现色彩画面的空间感。"前实"是指把前面的物体色彩画鲜艳一些、颜色变化丰富一些，色相偏暖，"后虚"则是把后面的物体画虚一点，颜色和形体概括一些，饱和度降低，色相偏冷。

（2）环境色的运用。

在表现物体时如只用固有色，那画面就会过于死板，物体和物体之间是没有呼应关系的，而通过运用环境色可以丰富画面色彩，让整个画面更协调统一。环境色赋予物体的变化是根据周围物体的色彩变化而变化的。环境色一般运用在暗部和物体边缘处，而物体亮部与暗部过渡的地方则以固有色为主，不宜加入过多环境色（图3-2-3）。

图3-2-3　色彩空间表现/环境色的运用

4. 任务实施范例

示范案例——桌边一景（图3-2-4）。

图3-2-4　实景图

步骤一：以单色勾勒出大致的空间透视、绘画台、桌面静物的位置（图3-2-5）。

图3-2-5　起稿

步骤二：用单色确定物体明暗关系，使画面关系更明确（图 3-2-6）。

图3-2-6　明确关系

步骤三：用大笔触简洁地铺出大的明暗关系，注意整体空间色彩的调子（图3-2-7）。

图3-2-7　整体表现

步骤四：进一步刻画物体体块关系并描绘窗外远景，注意作为远景色彩应偏冷偏灰（图3-2-8）。

图3-2-8 远景描绘

步骤五：用比较干和比较小的笔触深入塑造各个物体，注意物体固有色的深浅关系以及物体的质感表现（图3-2-9）。

图3-2-9 深入塑造

步骤六：对画面进行整体调整，并着重处理空间的前后纵深关系（图3-2-10）。

图3-2-10　作品完成

（二）拓展性任务（想想做）

（1）任务名称：变调练习静物组（图3-2-11）。

图3-2-11　静物图

素材信息来源

（2）任务要求：将这组静物进行4种不同色调的色彩变调练习；要求四组色调调性差异明确；画面色彩空间关系准确。

（3）任务成果：采用视觉日记本的形式完成任务。

（三）研究性任务（创造做）

对物体在不同环境中色调发生的变化进行情景色调研究。将自己身边一小物件置于相同场景的不同时间段中进行观察和记录，如早上或傍晚、阴天或晴天等。环境变化会使原物体本身产生颜色变化，利用摄影手段记录研究过程，并用不同色调进行表现，以小报形式呈现研究成果。

三、学生任务实施展示栏

学生课堂学习任务：桌边一景的过程表现。

过程展示：请把作业要求完成的过程图拍成照片，粘贴在下面的空白框里。

（1）

资料小贴士

（2）

（3）

教师评注

自我评注

（4）

（5）

（6）

四、任务实施反思

反思问题	反思内容
根据项目任务要求，你对固有色与环境色的关系有了哪些新的认识？	
通过项目任务实践，你对画面色调调性有了哪些新的体会？	
在任务实施过程中，你还遇到了哪些困难？	
在学习过程中，你还存在其他疑问吗？	

五、任务实施评价

评价形式	评价标准	评分				
		10	8	6	4	2
自评	环境色运用准确					
	画面色调关系					
	空间表现效果					
	任务作品效果					
教师	画面色调关系					
	空间表现效果					
	任务实施过程					
	学习研究态度					
企业专家	作品创意表现					
	完成任务效果					
任务合计分值						

任务三　匠艺榫卯研究

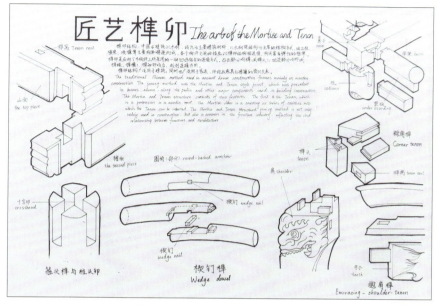

图3-3-1　示范稿　作者：戴文婧　指导老师：许彦杰

一、任务描述

查阅中国传统榫卯结构资料，寻找最具特色的五个榫卯结构组成一组画面，采用手绘结构图的方式绘制成一幅研究报告。

1. 任务实施课程

经典案例研究

2. 任务知识与技能要求

编号	知识点要求	技能点要求
3-3-1	了解榫卯结构的分类	能简述三种以上榫卯结构的名称
3-3-2	了解中国传统木结构特点	能辨析中国传统木结构建筑的结构特点
3-3-3	了解结构爆炸图的绘制方法	能运用爆炸图的绘制方法绘制榫卯结构分析图
3-3-4	了解调研的基本方法	能运用调研工具完成榫卯结构的信息收集和初步分析

学习笔记

资料小贴士

3. 任务实施重难点

任务重点：了解中国传统木结构榫卯构件的名称；了解结构爆炸图的绘制方法。

任务难点：准确运用爆炸图绘制方法绘制榫卯结构分析图。

4. 任务职业素养

引导学生感受中国传统木结构工艺的魅力，培养学生"匠心精神"的职业意识。

二、任务实施

（一）基础性任务（跟我做）

1. 绘画工具的准备

常用的素描工具：绘图铅笔、针管笔、卡纸、视觉日记本等。

2. 知识点学习

（1）榫卯结构。

1973年，距离宁波市区约20千米的余姚市河姆渡镇发现了距今六七千年的新石器文化遗址，人们称之为河姆渡遗址。在遗址内发现了大量榫卯结构的木质构件，这些榫卯结构主要应用在河姆渡干栏式房屋的建造上，有凸型方榫、圆榫、双层凸榫、燕尾榫以及企口榫等。

建筑之所以坚固，家具之所以耐用，最大的灵魂当属结构。结构的连接方式有很多种，但是不用一钉一铆，将两个木质结构通过凹凸结合的方式严密扣合起来的家具工艺在中国由来已久，这种形体构造的巧妙组合叫作榫卯。

榫卯是在两个木构件上所采用的一种凹凸结合的连接方式。凸出部分叫榫(或榫头)；凹进部分叫卯(或榫眼、榫槽)，榫和卯咬合，起到连接作用。这是中国古代建筑、家具及其他木制器械的主要结构方式。榫卯结构是榫和卯的结合，是木件之间多与少、高与低、长与短之间的巧妙组合，可有效地限制木件向各个方向扭动。最基本的榫卯结构由两个构件组成，其中一个的榫头插入另一个的榫眼中，使两个构件连接并固定。榫头伸入榫眼的部分被称为榫舌，其余部分则称作榫肩。

　　榫卯结构多用于建筑，同时也广泛用于家具，体现出家具与建筑的密切关系。榫卯结构应用于房屋建筑后，虽然每个构件都比较单薄，但是它整体上却能承受巨大的压力。这种结构不在于个体的强大，而是互相结合，互相支撑，也成了后世建筑和中式家具的基本模式（图3-3-2）。

图3-3-2　榫卯结构

　　古代连接两个木件的结构方式主要通过榫卯来完成，这样不仅看上去严谨稳固，还有奇妙的装饰作用。当然，这种工艺对匠人的技术也有极高的要求。可以说，榫卯结构是我国工艺文化精神的传承，在人类传统家具制造史上堪称奇迹。

　　（2）榫卯结构主要分类。

　　各种榫卯做法不同，应用范围不同，但它们在每件家具上都具有形体构造的"关节"作用。几十种不同的"榫卯"，按构合作用来归类，大致可分为三大类型：

　　第一类主要是用作面与面的接合，也可以是两条边的拼合，还可以是面与边的交接构合。例如，槽口榫、企口榫、燕尾榫、穿带榫、扎榫等（图3-3-3）。

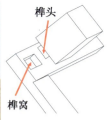

图3-3-3 第一类榫卯结构

第二类是作为"点"的结构方法。主要用作横竖材丁字形结合、成角结合、交叉结合，以及直材和弧形材的伸延接合。例如，格肩榫、双榫、双夹榫、勾挂榫、锲钉榫、半榫、通榫，等等（图3-3-4）。

第三类是将三个构件组合在一起并相互连接的构造方法，这种方法除运用以上的一些榫卯联合结构外，都是一些更为复杂和特殊的做法。常见的有托角榫、长短榫、抱肩榫、棕角榫等（图3-3-5）。

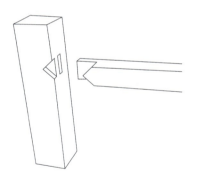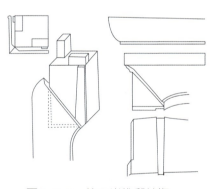

图3-3-4 第二类榫卯结构　　　图3-3-5 第三类榫卯结构

若榫卯使用得当，两块木结构之间就能严密扣合，达到"天衣无缝"的效果。它是古代木匠必须具备的基本技能，工匠手艺的高低，通过榫卯结构就能清楚地反映出来。

3. 工作方法与技能手段/研究方法

（1）调查研究法。

调查研究法是科学研究中最常用的方法之一。它是有目的、有计划、有系统地搜集有关研究对象现实状况或历史状况的材料的方法；它综合运用历史法、观察法等方法以及谈话、问卷、个案研究、测验等科学方式，对教育现象进行有计划的、周密的和系统的了解，并对调查搜集到的大量资料进行分析、综合、比较、归纳，从而为人们提供规律性的知识（图3-3-6）。

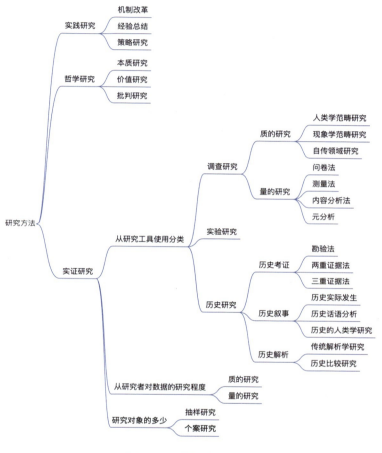

图3-3-6 调查研究法

（2）对比性研究。

对比性研究是对研究对象进行研究的一种方法，研究者必须针对搜集到的各种资源素材做出分析和比较，归纳相同性，寻找差异性，并分析其特点和特效。在比较分析的过程中，首先必须对对象本身及其各项特点有明确的认识，在对研究对象有更深的了解后，才可以提出分析报告，并进一步对每一个对象的特征加以分析，比较其优缺点，衡量其特色所在。

4. 任务实施范例

示范案例——匠艺榫卯研究。

步骤一：在视觉日记本上搜集并完成绘制榫卯结构爆炸图的结构资料（图3-3-7）。

图3-3-7　起稿

步骤二：绘制榫卯结构研究图布局，设计构图，明确主标题位置（图3-3-8）。

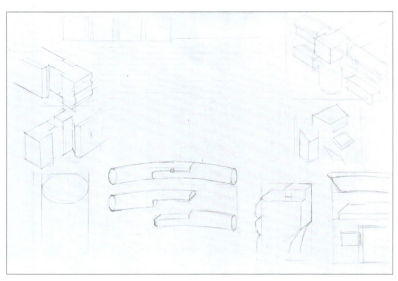

图3-3-8　设计构图

步骤三：完成榫卯结构研究图正稿（图3-3-9）。

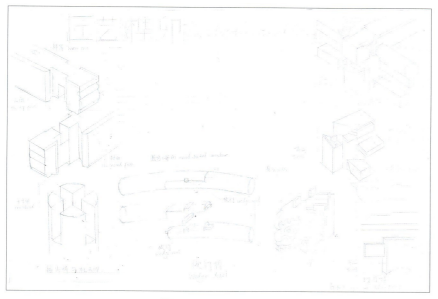

图3-3-9 完成构图

步骤四：刻画爆炸图的主体结构并注释内容，丰富图片细节和层次（图3-3-10）。

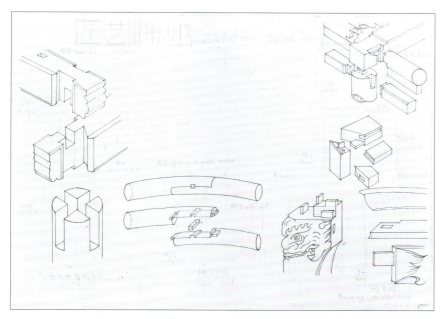

图3-3-10 细节刻画

步骤五：调整版面整体关系，完成中英文文字编写（图3-3-11）。

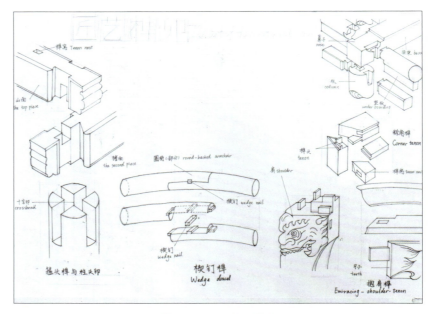

图3-3-11 整体调整

步骤六：完成主题文字、画面细节绘制，整体调整，最终完成调研报告图（图3-3-12）。

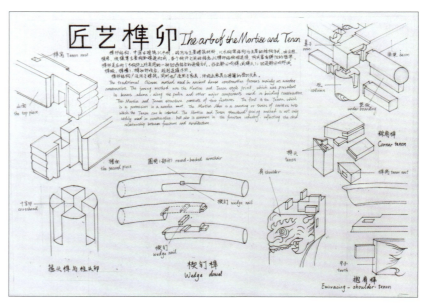

图3-3-12 作品完成

素材信息来源

（二）拓展性任务（想想做）

（1）任务名称：中国古建筑斗拱结构研究。

（2）任务要求：通过对中国古建筑中斗拱结构的研究，将搜集的资料整理后绘制在视觉日记本上，并通过调查研究形成研究报告。

（3）任务成果：采用视觉日记本的形式完成中国古建筑斗拱结构的资料集。

（三）研究性任务（创造做）

通过网络搜索、书籍查找等多种搜索途径，对中西方木结构构造进行对比性研究并形成一份调研报告。

三、学生任务实施展示栏

学生课堂学习任务：匠艺榫卯研究的过程表现。

过程展示：请把作业要求完成的过程图拍成照片，粘贴在下面的空白框里。

（1）

资料小贴士

教师评注

自我评注

（2）

（3）

（4）

教师评注

（5）

自我评注

（6）

四、任务实施反思

反思问题	反思内容
你是否根据任务要求完成了资料搜集和准确分类？	
通过项目任务实践，你学习了解了榫卯结构的哪些类型和特点？	
在任务实施过程中，你还遇到了哪些困难？	
在学习过程中，你还存在其他疑问吗？	

五、任务实施评价

评价形式	评价标准	评分				
		10	8	6	4	2
自评	榫卯结构分类					
	爆炸图的绘制					
	分类调研方法					
	任务作品效果					
教师	画面构图均衡					
	研究方法运用					
	任务实施过程					
	学习研究态度					
企业专家	作品创意表现					
	完成任务效果					
任务合计分值						

项目四　现代主义风格探索

任务一　压在布上的铝壶

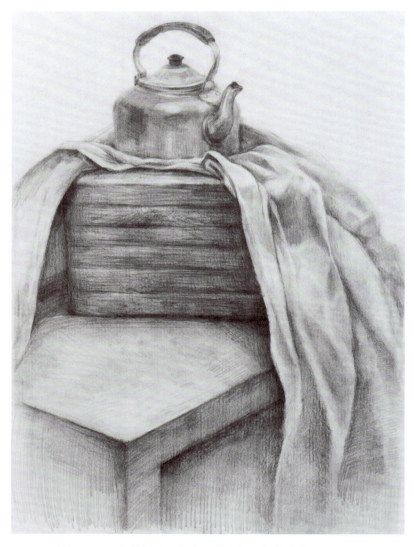

图4-1-1　临摹样稿　作者：戴文婧　指导老师：吴云飞

一、任务描述

根据压在布上的铝壶实景，运用明暗素描的方法，完成一张实景素描写生作品。

1. 任务实施课程

设计素描

2. 任务知识与技能要求

编号	知识点要求	技能点要求
4-1-1	了解物体的材质区别	能辨析物体的不同材质（如布艺、金属、书本等）特点
4-1-2	了解不同物体材质的素描表现方式	能运用线条的轻重、铅笔的软硬来表现对象的坚硬、柔软、粗糙、细腻等材质特点

3. 任务实施重难点

任务重点：准确掌握物体不同材质的表现方式。

任务难点：运用铅笔的软硬、素描线条的轻重来表现不同物体的材质。

4. 任务职业素养

培养学生观察、认知和表现物体材质的能力，提高学生对于材质细节的设计敏感度。

二、任务实施

（一）基础性任务（跟我做）

1. 绘画工具的准备

常用的素描工具：铅笔、硬橡皮、软橡皮、擦笔、美工刀等。

2. 知识点学习

物体的材质主要有以下几类。

（1）不反光类：材质本身不会反射任何光线，如木头、纸艺、布艺等（图4-1-2）。在明暗素描绘画中，物体背光面的反光调以及受光面的高光表现不明显。

学习笔记

资料小贴士

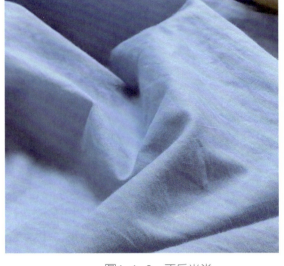

图4-1-2　不反光类

（2）漫反光类：材质本身反射光线能力较弱，如陶器、亚光金属制品、表皮较为粗糙的水果等（图4-1-3）。在明暗素描绘画中，物体背光面的反光调以及受光面的高光应做弱化表现。

图4-1-3　漫反光类

（3）反光类：反光类物体反射光线能力强，如不锈钢、瓷器等物品（图4-1-4）。在明暗素描绘画中，物体背光面的反光调以及受光面的高光有强烈的表现。对于镜子、水面等反光类物体，在明暗素描绘画中，可以反射环境内容来表现。

图4-1-4　反光类

（4）透光类：透光类物体对光线有一定的反射能力，会对光线产生折射，如玻璃砖、透明瓶子（图4-1-5）。在明暗素描绘画中，除了物体背光面的反光调以及受光面的高光有对应的表现外，还会着重强调光线折射所产生的光影效果。

图4-1-5　透光类

3. 工作方法与技能手段/研究方法

（1）布制品的质感表现：布制品给人的感觉是柔软、有厚度的。在素描明暗的表现上，更接近圆形物体的明暗表现方式。在详细刻画时，应研究布纹结构关系，注意因布纹褶皱、转折而产生的明暗虚实变化（图4-1-6）。

图4-1-6　布制品的质感表现　作者：吴云飞

（2）纸制品的质感表现：纸制品有硬度，表面的凹凸感、折痕明显。在素描明暗的表现上，更接近方形物体的明暗表现。在详细刻画时，应研究纸面的具体材质，表现不同类型纸张所产生的不同效果，同时兼顾纸张的固有色和纸面本身的纹样（图4-1-7）。

图4-1-7　纸制品的质感表现　作者：陈易炜　指导老师：吴云飞

（3）金属的质感表现：金属质地的物体表面光滑，反光比较强烈，有镜像效果。在素描明暗的表现上，有强烈的明暗对比关系。在详细刻画时，应研究金属物体表面反射出的画面与金属物体本身的结构关系（图4-1-8）。

图4-1-8　金属的质感表现　作者：陈易炜　指导老师：吴云飞

（4）玻璃的质感表现：玻璃的质感透明、透光，有折射。在素描明暗的表现上，有较为强烈的明暗对比关系。详细刻画时，在研究玻璃物体表面反射的同时，还应研究通过玻璃物体看到的背后物体的折射（图4-1-9）。

图4-1-9　玻璃的质感表现　作者：朱婧喆　指导老师：吴云飞

4. 任务实施范例

示范案例——压在布上的铝壶（图4-1-10）。

图4-1-10　实物图

步骤一：整体观察，构图定位（图4-1-11）。

图4-1-11　起稿

步骤二：梳理主次结构关系，修正并确定物体与空间的透视关系（图4-1-12）。

图4-1-12　梳理主次结构关系

步骤三：明确静物主次关系后，刻画铝壶的材质（图4-1-13）。

图4-1-13　整体表现

学习笔记

步骤四：刻画衬布的材质，表现结构细节及纹理（图4-1-14）。

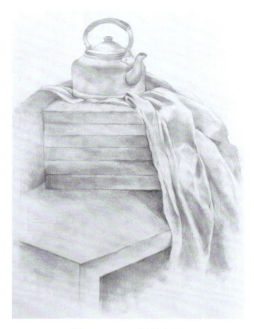

图4-1-14　细节刻画

资料小贴士

步骤五：调整物体材质的相互关系，强调物体交接部分的材质与结构（图4-1-15）。

图4-1-15　整体调整

步骤六：在画面静物前后有序的基础上，完善画面整体的层次与艺术效果（图4-1-16）。

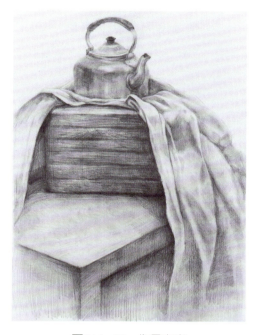

图4-1-16　作品完成

（二）拓展性任务（想想做）

（1）任务名称：竹篮静物写生。

（2）任务要求：选择一款中国传统工艺——竹编篮进行绘制；准确表达竹艺材质；深入刻画，细腻表现竹篮材质的细节、特性与纹样。

（3）任务成果：采用视觉日记本的形式完成任务。

（三）研究性任务（创造做）

拍摄室内较常出现的不同材质的物品，做成材质图库，并绘制一张不同材质的组合图，研究不同材质在同一画面中的相互关系。

教师评注

自我评注

三、学生任务实施展示栏

学生课堂学习任务：压在布上的铝壶过程表现。

过程展示：请把作业要求完成的过程图拍成照片，粘贴在下面的空白框里。

（1）

（2）

（3）

（4）

教师评注

自我评注

（5）

（6）

四、任务实施反思

反思问题	反思内容
根据任务主题要求，你对所用物体的材质有何体会？	
通过项目任务实践，你对材质的表现手法有了哪些新的认识？	
在任务实施过程中，你还遇到了哪些困难？	
在学习过程中，你还存在其他疑问吗？	

五、任务实施评价

评价形式	评价标准	评分				
		10	8	6	4	2
自评	材质表达准确					
	线条运用效果					
	空间表达效果					
	任务作品效果					
教师	材质表达准确					
	整体画面完整					
	任务实施过程					
	学习研究态度					
企业专家	作品创意表现					
	完成任务效果					
任务合计分值						

任务二　组合静物质感表现

图4-2-1　临摹样稿　作者：吴少函　指导老师：郭姗姗

一、任务描述

根据一组由不同材质瓶子组合摆放的静物，运用色彩色调和笔触进行静物质感细节刻画，完成一张实景色彩写生作品。

1. 任务实施课程

色彩表现

2. 任务知识与技能要求

编号	知识点要求	技能点要求
4-2-1	了解物体材质的色彩表现方式	能运用不同笔触深入刻画与表现不同质感的物体
4-2-2	了解画面主次关系的表达规律	能运用对比手法表现画面主次关系

3. 任务实施重难点

任务重点：掌握不同物体质感的色彩表现方式，并刻画细节。

任务难点：运用色彩技法对不同质感物体的亮部、灰部及暗部进行区分刻画与表达。

4. 任务职业素养

提高学生对于材质的感知力和深入刻画的能力，培养学生具备观察和表现材质细节的严谨绘画工作态度。

二、任务实施

（一）基础性任务（跟我做）

1. 绘画工具的准备

常用的色彩工具：水粉颜料、水粉笔、调色盘、铅笔等。

2. 知识点学习

（1）质感的表达。

人的肉眼能够分辨不同物体的质感，是因为不同材质的表面对光的吸收、反射及透射方式不同。因而，在利用色彩绘制物体的明暗关系时，应该注意不同物体的"反光—过渡—明暗交界线—过渡—高光"之间所带来的颜色大小比例及组合规律的差异。

不同的物体因表面肌理不同，导致其高光、明暗交界线都不一样。例如，日常静物中的瓷器和陶器，它们的高光形状与颜色对比不一样；玻璃酒瓶与水果的高光和反光也不一样；不锈钢的水壶与老旧的铜火锅，在高光、反光、明暗交界线的处理上也有不同的表现。我们在绘制的过程中应该仔细观察静物，总结不同物体的质感绘制规律。

① 金属类物体（图4-2-2）。

金属物品最大的特征是其高光和反光部分的刻画。在绘画过程中，要根据高光的位置和面积选择合适的画笔进行明确刻画。由于金属的反光特性，物体暗部色彩深浅层次较大。在表达反光时需运

学习笔记

资料小贴士

用物体周边静物色彩，但同时也要控制色彩纯度，从而不破坏物体的整体性。

图4-2-2　金属类物体　作者：吴少函　指导老师：郭姗姗

② 透明类物体（图4-2-3）。

透明类物体最大的特征在于它的通透性，如容器里面有水，物体放进去则会产生变形。画透明类物体时可先根据背景一同绘制，而后绘制因透明物的遮挡而产生的色彩变化。

图4-2-3　透明类物体　作者：吴少函　指导老师：郭姗姗

③ 陶瓷类物体（图4-2-4）。

　　陶瓷常作为静物色彩画面主体出现，本身不存在强反光，在刻画体积明暗关系后需注意暗部的弱反光（对比色或环境色）以及灰部的花纹细节刻画。

图4-2-4　陶瓷类物体　作者：吴少函　指导老师：郭姗姗

④ 布类物体（图4-2-5）。

　　衬布在画面中占的面积最大，一般决定了画面整体的色调。对于布褶的刻画需要根据衬布与主体物的关系进行取舍，不必面面俱到；对于有花纹的衬布，只需大致勾勒即可。

图4-2-5　布类物体　作者：吴少函　指导老师：郭姗姗

学习笔记

⑤ 蔬果类物体（图4-2-6）。

对于水果蔬菜的刻画，要在把握基本色相的同时，注意其与整体画面环境色调的关系。做好明暗刻画与衔接，可在颜料干透之后，运用干笔轻扫环境色及高光。

图4-2-6　蔬果类物体　作者：吴少函　指导老师：郭姗姗

⑥ 花卉类物体（图4-2-7）。

花卉的刻画需要注意花束的整体体积（球体）关系，不必拘泥于一花一叶的刻画，深入刻画时由近至远刻画，主要表现明暗、局部细节即可。

图4-2-7　花卉类物体　作者：吴少函　指导老师：郭姗姗

资料小贴士

⑦ 书纸类物体（图4-2-8）。

对于书本的刻画，除注重透视外，还要注意物体本身与环境色的关系。对于书页上的文字细节要根据光影和字体大小进行取舍。

图4-2-8　书纸类物体　作者：吴少函　指导老师：郭姗姗

（2）画面主次关系。

画面的刻画要注意主次关系（图4-2-9）。主次关系的产生是由视觉重量决定的。视觉重量的影响因素有外形、位置、颜色。

图4-2-9　画面主次关系　作者：吴少函　指导老师：郭姗姗

外形：位于画面中心的物体，一般体积比其他物体要大。

位置：越靠近视觉中心，物体的视觉重量越大；位于上部、左部的物体比位于下部、右部的物体视觉重量更大。

颜色：不同色相的视觉重量不同，红色最重，蓝色次之，绿色再次之，黄色最轻。我们经常通过直觉感知体验颜色的轻重，如饱和度高的颜色更容易受到关注；明暗度上，深色比浅色重，较暗的颜色比较亮的颜色更重。人们从心理上都会觉得底部有深色阴影的图片看起来更自然；而在对比度上，在同样一张画面中，对比度高的物体比对比度低的物体看起来更加明显。

3. 工作方法与技能手段/研究方法

（1）色彩"质感"表现的六种方法。

① 通过笔表现质感。

在绘画的过程中，针对不同的物体，我们可以运用不同的笔进行不同质感的表现。比如，在绘制陶罐表面粗糙的质感时，我们可以采用扇形枯笔；在绘制物体表面的光滑质感时，可以采用硬笔进行高光点缀；等等（图4-2-10）。

图4-2-10　通过笔表现质感　作者：吴少函　指导老师：郭姗姗

② 通过要点处表现质感。

把握不同物体的质感特点，如玻璃器皿的转折、反光特性，陶器的高光，瓶口的细节处理等要点处，都会因为差异而体现出不同的质感（图4-2-11）。

图4-2-11　通过要点处表现质感　作者：吴少函

③ 通过物象肌理表现质感。

不同的物体具有不同的特征，如木质的桌椅、丝绸质感的衬布、表面粗糙的陶罐等。我们要注意不同物体的肌理表现，从而体现物体的质感（图4-2-12）。

图4-2-12　通过物象肌理表现质感　作者：吴少函　指导老师：郭姗姗

④ 通过色彩透明度表现质感。

透明玻璃器皿的质地与色彩明度相关。光也会导致物体颜色的变化。因此，我们要注意色彩的透明度，切勿画得粉气（图4-2-13）。

图4-2-13　通过色彩透明度表现质感　作者：吴少函　指导老师：郭姗姗

⑤ 通过质感对比加强质感表现。

不同质感的静物放置在一起写生，一定要注意物体的质感对比关系。要在画面中体现物体的对比关系（图4-2-14）。

图4-2-14　通过质感对比加强质感表现　作者：吴少函　指导老师：郭姗姗

⑥ 通过高光表现质感。

不同物体因为反射光的方式不同，导致物体的高光也不同。高光虽然面积小，却是展现物体质感的关键。不同物象的质感都能从其高光亮度与形态上反映出来。因此，表现质感应特别注意物象高光的亮度与形态。一般表现高光，需先作层次铺垫，最后再画上高光，过渡层次宜少，层次越多，高光越不突出。表现柔和的高光可趁湿时画成，也可在色干后用笔轻擦（图4-2-15）。

图4-2-15 通过高光表现质感 作者：吴少函 指导老师：郭姗姗

（2）画面主次关系的表达。

我们在观察画面物体的摆放时，要对画面的空间关系进行主观处理，确定好静物的空间感。在画面构图时，将确定好的画面主体物体放置于画面黄金分割点位置，并由此向周边展开画面分布。

主次关系的处理除了体现在构图位置不同上，还体现在物体的色彩塑造中。在表现主体物时，通常会用大量的笔触，加强主体物明度、纯度的对比关系，弱化次要物体的对比关系。通过画面物体的刻画对比确定画面主次关系。同时，还应注意主次物体的色彩关系，一般主体物体的色彩偏暖，次要物体偏冷。

4. 任务实施范例

示范案例——组合静物表现（图4-2-16）。

图4-2-16　实物图

步骤一：用单色勾勒出大致的空间透视与桌面静物的位置（图4-2-17）。

图4-2-17　起稿构图

步骤二：用大笔触简洁地铺出静物的色块和明暗关系（图
4-2-18）。

图4-2-18　确定明暗关系

步骤三：进一步刻画静物的细节颜色，确定画面色彩基调（图
4-2-19）。

图4-2-19　整体表现

步骤四：深入刻画，运用笔触塑造物体的质感（图4-2-20）。

图4-2-20　深入刻画

步骤五：对画面进行整体调整，着重处理画面静物空间关系（图4-2-21）。

图4-2-21　整体调整

（二）拓展性任务（想想做）

（1）任务名称：锁的刻画。

（2）任务要求：找四款不同形态、不同材质的锁，绘制其不同造型与质感；造型结构准确，深入刻画；物体质感表现准确。

（3）任务成果：采用视觉日记本的形式完成任务。

（三）研究性任务（创造做）

学生通过网络搜索、书籍查找等多种途径，学习和研究花卉的色彩表现技法，可以采用水彩、水粉、彩铅、马克笔等任何一种色彩工具，进行以花卉为主题的色彩临摹。

三、学生任务实施展示栏

学生课堂学习任务：组合静物质感表现的过程。

过程展示：请把作业要求完成的过程图拍成照片，粘贴在下面的空白框里。

（1）

（2）

（3）

（4）

教师评注

（5）

自我评注

教师评注

自我评注

（6）

四、任务实施反思

反思问题	反思内容
你了解的色彩质感表现的方式有哪些?	
通过项目任务实践,你对色彩表现中画面主次关系有了哪些新的认识?	
在任务实施过程中,你还遇到了哪些困难?	
在学习过程中,你还存在其他疑问吗?	

五、任务实施评价

评价形式	评价标准	评分				
		10	8	6	4	2
自评	材料表现准确					
	主次关系明确					
	构图画面完整					
	任务作品效果					
教师	材料表现准确					
	主次关系明确					
	任务实施过程					
	学习研究态度					
企业专家	作品创意表现					
	完成任务效果					
任务合计分值						

任务三　包豪斯建筑风格探究

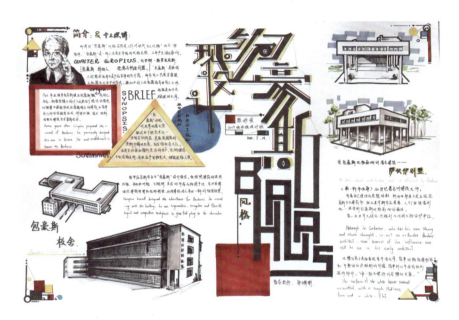

图4-3-1　示范稿　作者：陈妙瑄　指导老师：郭姗姗

一、任务描述

　　根据包豪斯建筑的风格特点，运用分析法辨析不同建筑的造型特征，绘制建筑的分析报告。

1.任务实施课程

经典案例分析

2. 任务知识与技能要求

编号	知识点要求	技能点要求
4-3-1	了解包豪斯时期背景	能梳理与识记包豪斯时期的相关特点
4-3-2	了解包豪斯风格特点	能掌握与辨析包豪斯建筑风格特点

3. 任务实施重难点

任务重点：以时间为轴线了解包豪斯的风格及背景。

任务难点：比较与分析同一主义不同时期的建筑风格特点与变化。

4. 任务职业素养

培养学生分析和了解现代主义建筑风格的调研逻辑，引导学生具备学习和辨识建筑风格的能力，扩充学生对于现代主义建筑的案例积累。

二、任务实施

（一）基础性任务（跟我做）

1. 绘画工具的准备

常用的绘制工具：针管笔、马克笔、软橡皮、擦笔、美工刀等。

2. 知识点学习

（1）包豪斯产生的历史背景。

欧洲工业革命的发生改变了以往以手工劳动力为基点的做工模式。工业大生产导致设计、制造、销售相分离，但是工厂作品的大规模生产导致产品粗糙。因而，工业中艺术与技术的对立关系激化。19世纪上半叶，就产品如何将艺术与技术相结合，引发了一系列设计革命。

① 19世纪后期英国人威廉·莫里斯发起的工艺美术运动。

威廉·莫里斯针对当时工业带来的机械化艺术，提出反对脱离实用和大众的纯艺术。1861年，莫里斯与友人合作成立了一家莫里斯、马歇尔、福克纳公司（Morris, Marshall & Faulkner Co.），

学习笔记

资料小贴士

由美术家亲自设计并组织生产。但因为背离工业革命发展的必然趋势，所以不能从根本上解决技术与艺术的矛盾。

②1900年前后以法国和比利时等国为中心的新艺术运动。

亨利·凡·德·威尔德（Henry Van de Velde）画家出身，后来也当过建筑师。1890年他为结婚选购家具时，感觉市场上的所有用品都"形态虚伪"，从而开始自己动手设计大部分用品，这使他立志毕生从事设计活动和设计改革，在这一点上，他和威廉·莫里斯颇为相似。他主张艺术与技术结合，提倡艺术家从事产品设计。主要成就体现在家具与室内设计方面，主要贡献在于继承了英国工艺美术运动主张的技术与艺术相结合的理念，并使这种新的设计理论和观念在欧洲各国比较广泛地传播。其局限在于否定了工业革命和机器生产的进步性，错误地认为工业产品必然是丑陋的。

威尔德的设计思想在当时是相当先进的。早在19世纪末，他就曾经指出"技术是产生新文化的重要因素""根据理性结构原理所创造出来的完全实用的设计，才是实现美的第一要素，同时也才能取得美的本质"，他提出了技术第一性的原则，并在产品设计中对技术加以肯定。1902—1903年，威尔德广泛地开展学术报告活动，并发表了一系列文章，从建筑革命入手，涉及产品设计，传播新的设计思想，主张艺术与技术相结合，反对纯艺术。

1906年他考虑到设计改革应从教育着手，于是前往德国魏玛，被魏玛大公任命为艺术顾问。在他的倡导下，终于在1908年把魏玛市立美术学校改建成市立工艺学校，这个学校成为一战后包豪斯设计学院的直接前身。

威尔德到魏玛之后，思想又进一步发展。他认为，如果机械能运用适当，可以引发设计与建筑的革命。应该做到"产品设计结构合理，材料运用严格准确，工作程序明确清楚"，以这三点作为设计的最高准则，达到"工艺与艺术的结合"。在这一点上，他已经突破了新艺术运动只追求产品形式的改变，不管产品功能性的局限，推进了现代设计理论的发展。

③20世纪初的德意志工业同盟或德意志制造同盟。

这是一个半官方机构，旨在促进工业产品设计。这也是世界上第一个由政府支持的促进产品艺术设计的中心，在德国现代艺术设计史上具有非常重要的意义。中心人物为海尔曼·穆特修斯。他洞察到英国工艺美术运动的致命弱点在于对工业化的否定，因而确立了"艺术、工业、手工艺合作水平"，明确指出机械与手工艺的矛盾可以通过艺术设计来解决。英国工艺美术运动认为手艺比机械生产优越，而工业同盟提倡认识两者之间的差别。穆特修斯从设计目的热情地为标准化和机械化的价值争辩，他认为简单和精确既是机械制造的功能要求，也是20世纪工业效率和力量的象征。因此，工业同盟想要把艺术家和手艺人与工业融为一体，从而提高大量生产的功能和美观质量，尤其是低成本的消费产品。

包豪斯的创始人格罗皮乌斯（Walter Gropius）在其青年时代就致力于德意志制造同盟。他与同代人的区别是，以极其认真的态度致力于美术和工业化社会之间的调和。格罗皮乌斯力图探索艺术与技术的新统一，并要求设计师"向死的机械产品注入灵魂"。他认为，只有最卓越的想法才能证明工业的倍增是正当的。

（2）包豪斯风格特点。

包豪斯风格的确定经历了3个阶段：第一阶段(1919—1925年)，魏玛时期。格罗皮乌斯任校长，提出"艺术与技术新统一"的崇高理想，肩负起训练20世纪设计师和建筑师的神圣使命。他广招贤能，聘任艺术家与手工匠师授课，形成艺术教育与手工制作相结合的新型教育制度。第二阶段(1925—1932年)，德绍时期。包豪斯在德国德绍重建，并进行课程改革，实行了设计与制作教学一体化的教学方法，并取得了优异成果。第三阶段(1932—1933年)，柏林时期。路德维希·密斯·凡·德·罗将学校迁至柏林的一座废弃办公楼中，试图重整旗鼓，但由于包豪斯精神为德国纳粹所不容，面对刚刚上台的纳粹政府，密斯最终回天无力，于1933年8月宣布包豪斯永久关闭。1933年11月包豪斯被封闭，不得不结束其14年的发展历程。

包豪斯的存在奠定了现代设计教育的结构基础，建立了艺术教育院校的基础课程，把对平面、立体结构、材料和色彩的研究独立起来；采用现代材料，以批量生产为目的，形成具有现代主义特征的工业产品设计教育。包豪斯建立了现代主义设计的欧洲体系原则，比较完整地奠定了以观念为中心、以解决问题为中心的设计原则。其特点如下：

① 在设计中提倡自由创造，反对模仿抄袭，墨守成规。

② 强调基础训练，平面、立体、色彩构成的基础课程。这是对工业设计最大的贡献。

③ 简约是包豪斯家具的最高设计原则，摒弃了多余装饰，线条明朗，造型简洁利落但是变化繁多，设计简约但不简单。

④ 艺术与技术相统一。

⑤ 设计的目的是人而不是产品。

⑥ 设计必须遵循自然与客观的法则。

3. 工作方法与技能手段/研究方法

案例分析法：是对代表性的建筑进行深入而周密的研究，从而获得整体认知的一种科学分析方法。

对比分析法：是将两个客观的事物加以比较以达到认识事物的本质和风格特征。对比分析，通常是将两个互为联系的指标、数据进行比较，确定研究主体特征。

内外因素评价模型分析法：分析研究对象内部与外部因素对研究主体形成的影响，并罗列各影响因素的程度大小，根据数据进行主体研究对象的影响权重分析。

4. 任务实施范例

示范案例——包豪斯建筑风格探索。

步骤一：根据内容进行文字图案位置排版（图4-3-2）。

图4-3-2 构图

步骤二：分割版面区域（图4-3-3）。

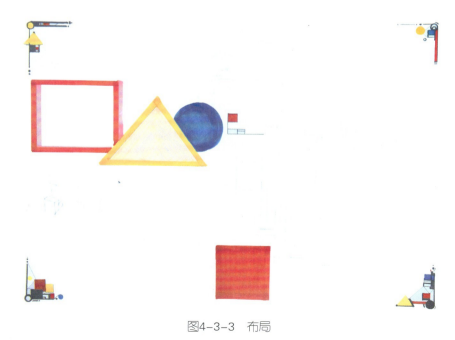

图4-3-3 布局

学习笔记

资料小贴士

步骤三：绘制版面标题（图4-3-4）。

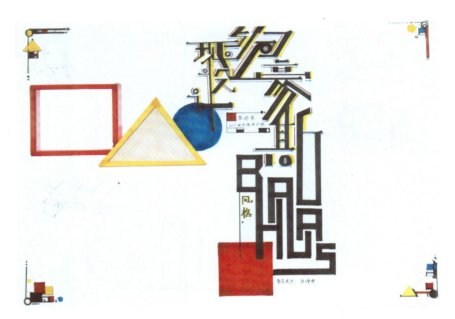

图4-3-4　绘制版面标题

步骤四：绘制版面建筑（图4-3-5）。

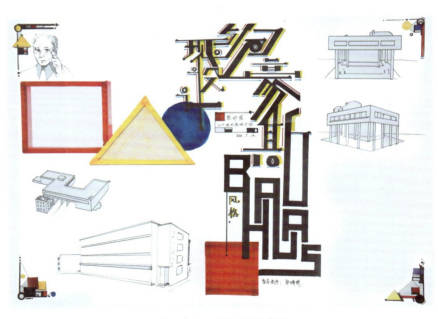

图4-3-5　绘制版面建筑

步骤五：完善建筑细节（图4-3-6）。

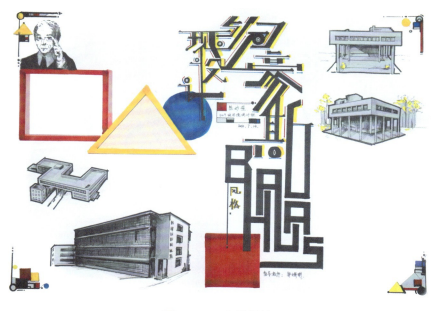

图4-3-6　完善细节

步骤六：完善版面文字内容（图4-3-7）。

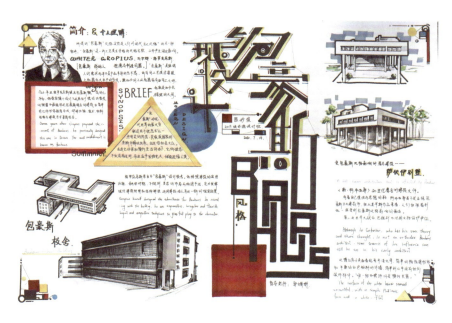

图4-3-7　作品完成

（二）拓展性任务（想想做）

（1）任务名称：上海石库门建筑调研报告。

（2）任务要求：以上海石库门建筑为例，搜集建筑资料并进行实地考察，最终形成研究报告；建筑结构准确，刻画深入；画面排版均衡，字迹清晰。

（3）任务成果：采用调研报告的形式完成任务。

（三）研究性任务（创造做）

学生通过网络搜索、书籍查找等多种搜索途径探究考察上海Art Deco建筑风格，并实地考察搜索资料，学习和研究特定建筑的风格特点。

三、学生任务实施展示栏

学生课堂学习任务：包豪斯建筑风格探索的过程表现。

过程展示：请把作业要求完成的过程图拍成照片，粘贴在下面的空白框里。

（1）

（2）

（3）

教师评注

自我评注

（4）

（5）

（6）

四、任务实施反思

反思问题	反思内容
根据任务主题要求，你对所选工具使用后的体会有哪些？	
通过项目任务实践，你对画面构图与布局有了哪些新的认识？	
在任务实施过程中，你还遇到了哪些困难？	
在学习过程中，你还存在其他疑问吗？	

五、任务实施评价

评价形式	评价标准	评分				
		10	8	6	4	2
自评	正确检索资源					
	掌握研究方法					
	掌握线型属性					
	研究报告效果					
教师	研究过程完整					
	研究方法正确					
	报告编制严谨					
	研究态度合理					
企业专家	研究报告完整					
	完成任务效果					
任务合计分值						